달달 풀고 곰곰 생각하는

달곰한 계산력

초등 4-2

참쌤스쿨

디지털 교육 컨텐츠를 전문적으로 제작하고 공유하여
교실과 학교, 교육의 변화를 꿈꾸는
현직 교사로 이루어진 전국 단위 전문적 학습 공동체입니다.

지 은 이 NE능률 수학교육연구소
참쌤스쿨 이윤희
개발책임 차은실
개 발 한아름, 김다은, 김건희
디 자 인 오영숙, 한새미, 황유진
일러스트 이상화
영 업 한기영, 이경구, 박인규, 정철교, 김남준, 이우현
마 케 팅 박혜선, 남경진, 이지원, 김여진
펴 낸 이 주민홍
펴 낸 곳 서울시 마포구 월드컵북로 396(상암동) 누리꿈스퀘어 비즈니스타워 10층
㈜NE능률 (우편번호 03925)
펴 낸 날 2023년 11월 1일 초판 제1쇄
2024년 1월 5일 초판 제2쇄
전 화 02 2014 7114
팩 스 02 3142 0357
홈페이지 www.neungyule.com
등록번호 제1-68호

고객센터
교재 내용 문의: contact.nebooks.co.kr (별도의 가입 절차 없이 작성 가능)
제품 구매, 교환, 불량, 반품 문의: 02 2014 7114
☎ 전화 문의는 본사 업무 시간 중에만 가능합니다.

수학 공부를 하다 보면 이해가 안 돼서 어렵고, 또 재미도 없고…….

그래서 수학 공부를 하기 싫은 적이 있지 않나요?

수학이 어려운 가장 큰 이유는 지금 배우고 있는 수학 개념들이 대부분 글로 된 딱딱한 설명과 식으로 되어 있기 때문이죠.

그래서 설명을 읽어도 모르겠고, 식을 봐도 이해가 되지 않는 것이랍니다.

하지만! 어려운 수학 개념을 너무나 쉽게 이해할 수 있는 방법!

바로 비주얼 싱킹을 활용해서 수학 개념을 이해하고 문제를 풀어 보는 것이지요.

여러분들이 이해하기 쉽게 수학 개념을 풀어놓은 달곰한 계산력으로 수학 공부를 재미있게 해 보세요!

달곰한 계산력 한눈에 보기

1

학교 선생님이 아이들의 눈높이에 맞추어
설명한 연산 개념을 담았어요.

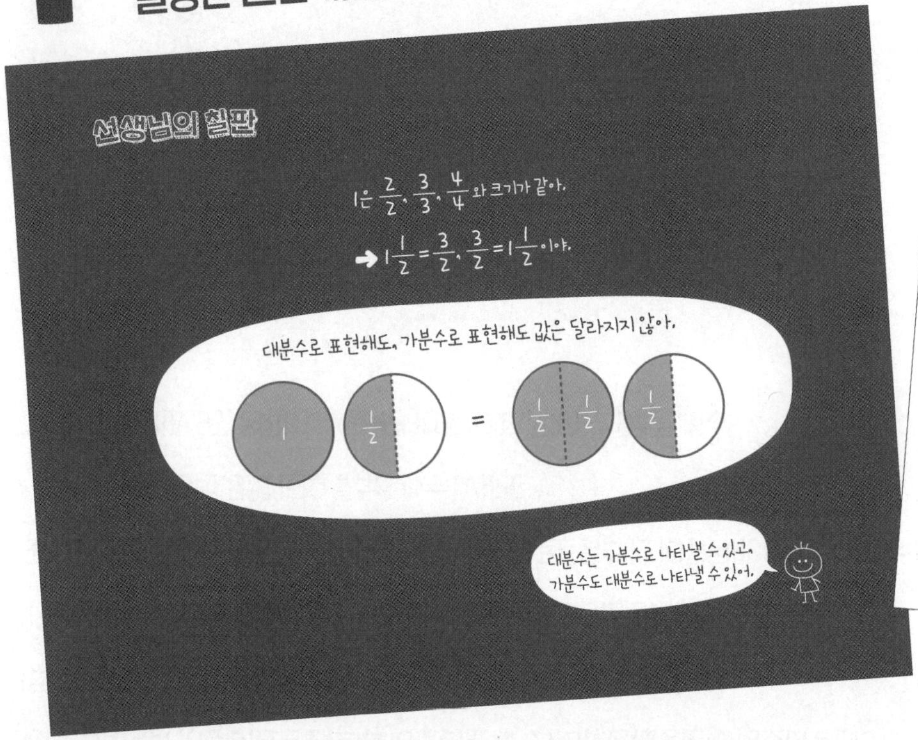

2

개념을 다시 한번 짚어주는 지문을 읽고
충분히 연습해요.

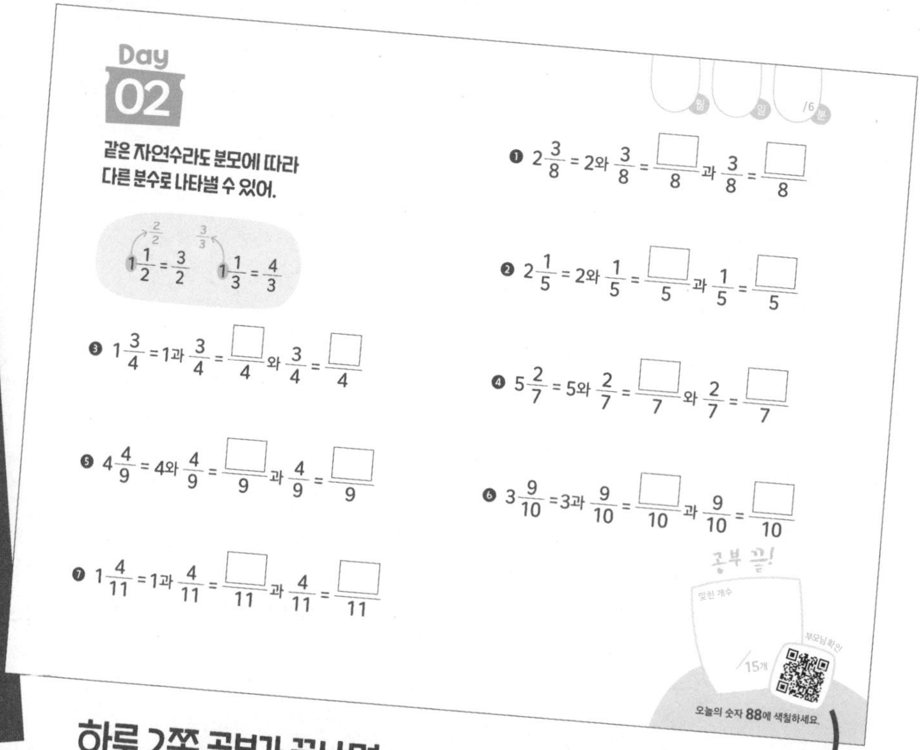

하루 2쪽 공부가 끝나면

QR로 빠르게 채점하고, 로직을 완성해요.

3

단계별 학습이 끝나면 재미있는 놀이 연산으로 연산 실력을 UP!

부모님 확인

연산 놀이터

크기가 같은 가분수와 대분수가 만나도록 사다리에 선을 하나 더 그어 볼까?

1~7단계, 8~11단계, 1~11단계 범위에 따라 연산 실력을 점검해 봐요.

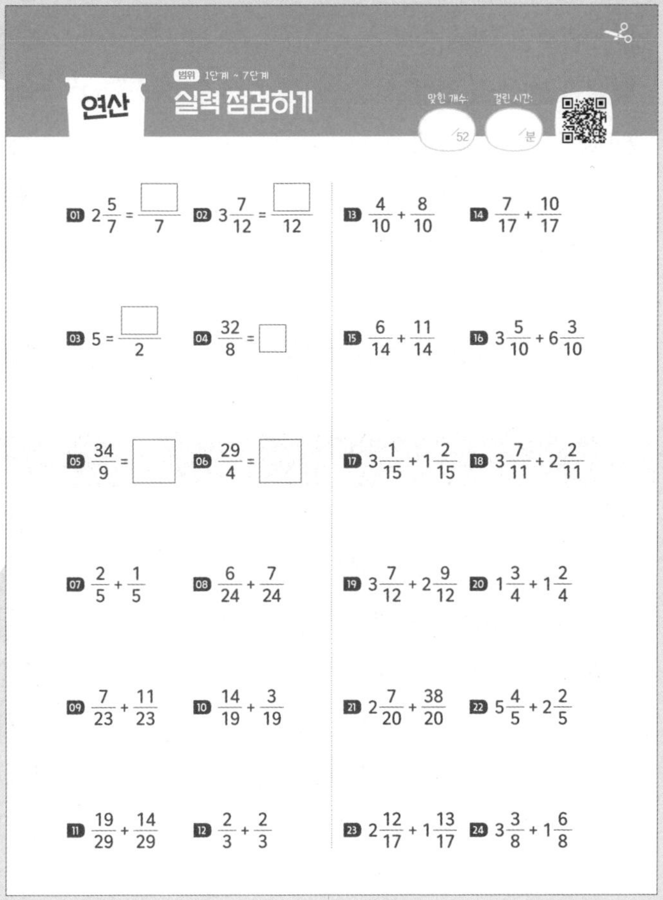

범위 1단계 ~ 7단계

연산 실력 점검하기

맞힌 개수: /52 걸린 시간: 분

01 $2\frac{5}{7}=\frac{\square}{7}$

02 $3\frac{7}{12}=\frac{\square}{12}$

03 $5=\frac{\square}{2}$

04 $\frac{32}{8}=\square$

05 $\frac{34}{9}=\square$

06 $\frac{29}{4}=\square$

07 $\frac{2}{5}+\frac{1}{5}$

08 $\frac{6}{24}+\frac{7}{24}$

09 $\frac{7}{23}+\frac{11}{23}$

10 $\frac{14}{19}+\frac{3}{19}$

11 $\frac{19}{29}+\frac{14}{29}$

12 $\frac{2}{3}+\frac{2}{3}$

13 $\frac{4}{10}+\frac{8}{10}$

14 $\frac{7}{17}+\frac{10}{17}$

15 $\frac{6}{14}+\frac{11}{14}$

16 $3\frac{5}{10}+6\frac{3}{10}$

17 $3\frac{1}{15}+1\frac{2}{15}$

18 $3\frac{7}{11}+2\frac{2}{11}$

19 $3\frac{7}{12}+2\frac{9}{12}$

20 $1\frac{3}{4}+1\frac{2}{4}$

21 $2\frac{7}{20}+\frac{38}{20}$

22 $5\frac{4}{5}+2\frac{2}{5}$

23 $2\frac{12}{17}+1\frac{13}{17}$

24 $3\frac{3}{8}+1\frac{6}{8}$

권별 학습 내용

1 - 1	2 - 1	3 - 1
수를 모으고 가르기	받아올림이 한 번 있는 (두 자리 수)+(두 자리 수)	(몇십)×(몇)
합이 9까지인 덧셈	받아올림이 두 번 있는 (두 자리 수)+(두 자리 수)	올림이 없는 (두 자리 수)×(한 자리 수)
한 자리 수의 뺄셈	받아내림이 있는 (두 자리 수)−(두 자리 수)	십의 자리에서 올림이 있는 (두 자리 수)×(한 자리 수)
덧셈과 뺄셈의 관계	덧셈식, 뺄셈식에서 □의 값 구하기	일의 자리에서 올림이 있는 (두 자리 수)×(한 자리 수)
세 수의 덧셈과 뺄셈	같은 수를 여러 번 더하기	올림이 두 번 있는 (두 자리 수)×(한 자리 수)
(몇십)+(몇), (몇)+(몇십)	2단, 5단 곱셈구구	올림이 없는 (세 자리 수)×(한 자리 수)
(몇십몇)+(몇), (몇십몇)−(몇)	3단, 6단 곱셈구구	올림이 한 번 있는 (세 자리 수)×(한 자리 수)
(몇십)+(몇십), (몇십)−(몇십)	4단, 8단 곱셈구구	올림이 여러 번 있는 (세 자리 수)×(한 자리 수)
(몇십몇)+(몇십몇), (몇십몇)−(몇십몇)	7단, 9단 곱셈구구	나눗셈의 기초
		나눗셈의 몫 구하기

1 - 2	2 - 2	3 - 2
10을 모으고 가르기	곱셈구구 종합	(몇십)×(몇십), (몇십몇)×(몇십)
10이 되는 더하기, 10에서 빼기	받아올림이 없는 (세 자리 수)+(세 자리 수)	올림이 한 번 있는 (몇십몇)×(몇십몇)
두 수의 합이 10인 세 수의 덧셈	받아올림이 한 번 있는 (세 자리 수)+(세 자리 수)	올림이 여러 번 있는 (몇십몇)×(몇십몇)
받아올림이 있는 (몇)+(몇)	받아올림이 두 번 있는 (세 자리 수)+(세 자리 수)	(몇십)÷(몇), (몇백몇십)÷(몇)
두 수의 차가 10인 세 수의 뺄셈	받아올림이 세 번 있는 (세 자리 수)+(세 자리 수)	내림이 없고 나머지가 없는 (두 자리 수)÷(한 자리 수)
받아내림이 있는 (십몇)−(몇)	받아내림이 없는 (세 자리 수)−(세 자리 수)	내림이 있고 나머지가 없는 (두 자리 수)÷(한 자리 수)
덧셈과 뺄셈의 관계	받아내림이 한 번 있는 (세 자리 수)−(세 자리 수)	내림이 없고 나머지가 있는 (두 자리 수)÷(한 자리 수)
받아올림이 있는 (몇십몇)+(몇)	받아내림이 두 번 있는 (세 자리 수)−(세 자리 수)	내림이 있고 나머지가 있는 (두 자리 수)÷(한 자리 수)
받아내림이 있는 (몇십몇)−(몇)		백의 자리부터 몫을 구하는 (세 자리 수)÷(한 자리 수)
세 수의 덧셈과 뺄셈		백의 자리 수가 나누는 수보다 작은 (세 자리 수)÷(한 자리 수)

4 - 1	5 - 1	6 - 1
(몇백)×(몇십), (몇십)×(몇백)	덧셈과 뺄셈, 곱셈과 나눗셈이 섞여 있는 식	(자연수)÷(자연수), (진분수)÷(자연수)
(세 자리 수)×(몇십)	괄호가 없는 자연수의 혼합 계산	곱셈으로 계산하는 (진분수)÷(자연수)
(세 자리 수)×(두 자리 수)	괄호가 있는 자연수의 혼합 계산	(가분수)÷(자연수), (대분수)÷(자연수)
(몇백몇십)÷(몇십)	약수와 공약수, 배수와 공배수	(진분수)÷(진분수)
(두 자리 수)÷(몇십)	공약수와 최대공약수	(자연수)÷(진분수)
(세 자리 수)÷(몇십)	공배수와 최소공배수	(가분수)÷(진분수), (대분수)÷(진분수)
(두 자리 수)÷(두 자리 수)	약분과 통분	각 자리에서 나누어떨어지지 않는 (소수)÷(자연수)
몫이 한 자리 수인 (세 자리 수)÷(두 자리 수)	분모가 다른 진분수의 덧셈	0을 내리거나 몫에 0이 포함된 (소수)÷(자연수)
몫이 두 자리 수인 (세 자리 수)÷(두 자리 수)	분모가 다른 대분수의 덧셈	몫이 소수인 (자연수)÷(자연수)
	분모가 다른 진분수의 뺄셈	비와 비율
	분모가 다른 대분수의 뺄셈	백분율

4 - 2	5 - 2	6 - 2
대분수를 가분수로, 가분수를 대분수로 나타내기	어림하기	자릿수가 같은 (소수)÷(소수)
진분수의 덧셈	(분수)×(자연수)	자릿수가 다른 (소수)÷(소수)
대분수의 덧셈	(자연수)×(분수)	(자연수)÷(소수)
진분수의 뺄셈	(진분수)×(진분수)	몫을 반올림하여 나타내기
받아내림이 없는 대분수의 뺄셈	(대분수)×(대분수)	나누어 주고 남는 양
(자연수)−(분수)	세 분수의 곱셈	자연수, 분수, 소수의 혼합 계산
받아내림이 있는 대분수의 뺄셈	소수와 자연수의 곱셈	간단한 자연수의 비로 나타내기
자릿수가 같은 소수의 덧셈	(소수)×(소수)	비례식
자릿수가 다른 소수의 덧셈	분수와 소수의 혼합 계산	비례배분
자릿수가 같은 소수의 뺄셈		
자릿수가 다른 소수의 뺄셈		

48일 완성, 연산 지도법

단계	공부 내용	이렇게 지도해요	공부 날	쪽수
1 단계	대분수를 가분수로, 가분수를 대분수로 나타내기	1보다 큰 분수를 두 가지 방법으로 나타내 보면서 분수와 1의 관계를 이해하고, 분수 계산에서의 받아올림, 받아내림의 기초를 다집니다.	DAY 1	10쪽
			DAY 2	12쪽
			DAY 3	14쪽
			DAY 4	16쪽
2 단계	진분수의 덧셈	분수 계산의 첫 번째 과정으로, '전체에 대한 부분의 크기만 더한다'라는 원리를 통해, 분모는 그대로 두고, 분자만 더하는 계산 방법을 익힙니다.	DAY 5	22쪽
			DAY 6	24쪽
			DAY 7	26쪽
			DAY 8	28쪽
3 단계	대분수의 덧셈	자연수끼리, 분수끼리 더하는 방법과 대분수를 가분수로 바꾸어 더하는 방법 모두에 능숙해질 수 있도록 하고, 계산 결과를 반드시 올바른 대분수의 형태로 나타낼 수 있게 지도해 주세요.	DAY 9	34쪽
			DAY 10	36쪽
			DAY 11	38쪽
			DAY 12	40쪽
4 단계	진분수의 뺄셈	분모가 같은 진분수의 덧셈과 연결하여 전체에 대한 부분의 크기끼리 뺀다는 계산 원리를 이해하여 연습합니다.	DAY 13	46쪽
			DAY 14	48쪽
			DAY 15	50쪽
			DAY 16	52쪽
5 단계	받아내림이 없는 대분수의 뺄셈	자연수끼리, 분수끼리 빼는 방법과, 가분수로 바꾸어 계산하는 방법 모두 능숙해질 수 있도록 지도해 주세요.	DAY 17	58쪽
			DAY 18	60쪽
			DAY 19	62쪽
			DAY 20	64쪽
6 단계	(자연수)−(분수)	같은 자연수라도 분모에 따라 여러 가지 분수로 나타낼 수 있음을 이해하고 자연수를 알맞은 분수로 바꾸어 계산할 수 있도록 합니다.	DAY 21	70쪽
			DAY 22	72쪽
			DAY 23	74쪽
			DAY 24	76쪽

단계	공부 내용	이렇게 지도해요	공부 날	쪽수
7 단계	받아내림이 있는 대분수의 뺄셈	자연수와 분수의 관계를 이해하여 자연수에서 분수로의 받아내림을 능숙하게 할 수 있도록 지도해 주세요.	DAY 25	82쪽
			DAY 26	84쪽
			DAY 27	86쪽
			DAY 28	88쪽
8 단계	자릿수가 같은 소수의 덧셈	소수는 자연수와 같이 십진법에 따른 수이므로 ① 같은 자리 수끼리 계산한다. ② 10이 되면 윗자리로 1을 올림한다. ③ 같은 자리 수끼리 뺄 수 없으면 윗자리의 1을 아랫자리의 10으로 내림한다. 의 방법은 똑같게 적용하되 소수의 계산에서는 소수점을 기준으로 자리를 맞추어야 한다는 것에 주의하여 계산할 수 있도록 해 주세요.	DAY 29	94쪽
			DAY 30	96쪽
			DAY 31	98쪽
			DAY 32	100쪽
			DAY 33	102쪽
9 단계	자릿수가 다른 소수의 덧셈		DAY 34	108쪽
			DAY 35	110쪽
			DAY 36	112쪽
			DAY 37	114쪽
			DAY 38	116쪽
10 단계	자릿수가 같은 소수의 뺄셈		DAY 39	122쪽
			DAY 40	124쪽
			DAY 41	126쪽
			DAY 42	128쪽
			DAY 43	130쪽
11 단계	자릿수가 다른 소수의 뺄셈		DAY 44	136쪽
			DAY 45	138쪽
			DAY 46	140쪽
			DAY 47	142쪽
			DAY 48	144쪽

01

대분수를 가분수로, 가분수를 대분수로 나타내기

이번에는 무엇을 배울까?

몫이 두 자리 수인 (세 자리 수)÷(두 자리 수)

대분수를 가분수로, 가분수를 대분수로 나타내기

진분수의 덧셈

이렇게 지도해요!

❶ 먼저 설명해 주세요.

색칠한 그림을 가분수나 대분수로 나타내는 방법을 그림과 말로 풀어내었습니다. 아이와 함께 곱하기와 더하기로 대분수를 가분수로 나타내거나 분자를 분모로 나누어 가분수를 대분수로 나타내기를 해 봅니다.

❷ 수를 이해하며 계산해요.

설명과 이어지는 그림을 이용하여 Day1에서 재미있게 문제를 풉니다.

❸ 충분히 연습해요.

Day2~Day4의 문제 풀이를 통해 분수를 이해하는 힘을 기르고 분수의 덧셈과 뺄셈의 기초를 다집니다.

스스로 계획을 세워요!

	공부할 날짜	목표 시간	복습할 날짜
Day 01 /48	월 / 일	분 / 15개	월 / 일
Day 02 /48	월 / 일	분 / 15개	월 / 일
Day 03 /48	월 / 일	분 / 27개	월 / 일
Day 04 /48	월 / 일	분 / 29개	월 / 일

선생님의 칠판

1은 $\frac{2}{2}$, $\frac{3}{3}$, $\frac{4}{4}$와 크기가 같아.

→ $1\frac{1}{2}=\frac{3}{2}$, $\frac{3}{2}=1\frac{1}{2}$이야.

대분수로 표현해도, 가분수로 표현해도 값은 달라지지 않아.

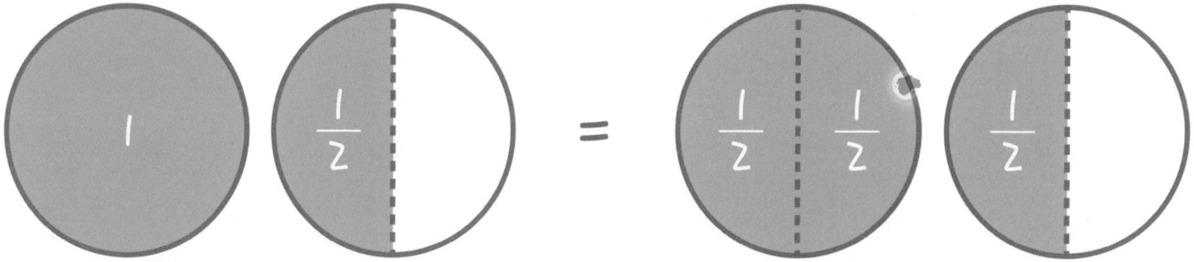

대분수는 가분수로 나타낼 수 있고,
가분수도 대분수로 나타낼 수 있어.

Day 01

전체를 색칠한 ○은 자연수 또는 분수로 나타낼 수 있어.

❶

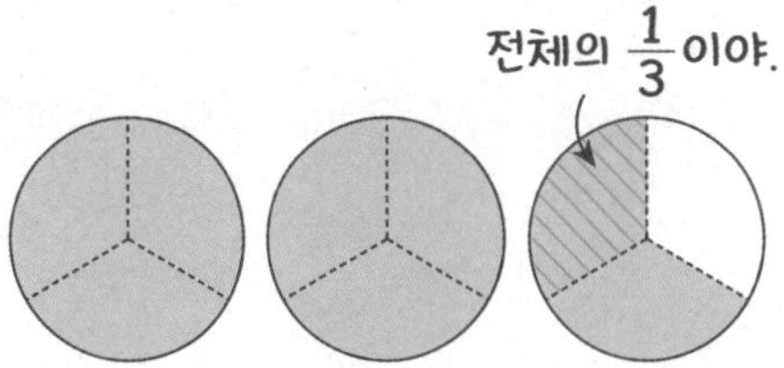

$2\frac{2}{3} = \frac{\square}{3}$

대분수를 가분수로 나타낼 때 분모는 그대로 써요.

❷

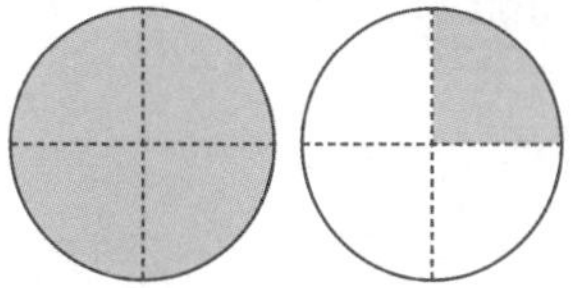

$1\frac{1}{4} = \frac{\square}{4}$

❸

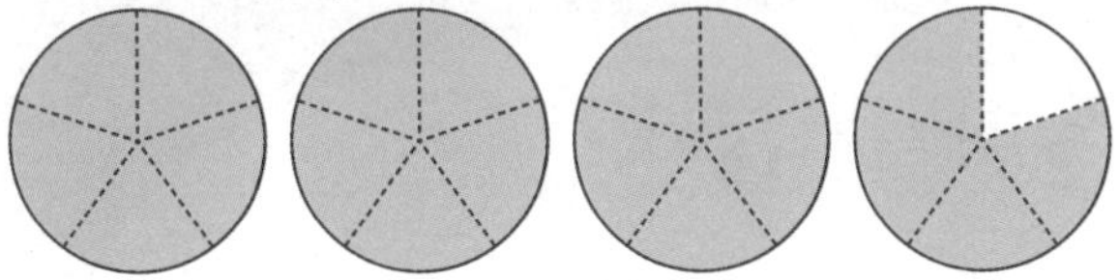

$3\frac{4}{5} = \frac{\square}{5}$

❹

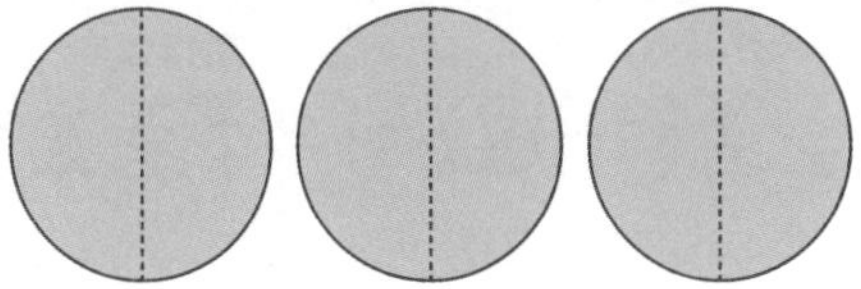

$3 = \frac{\square}{2}$

❺

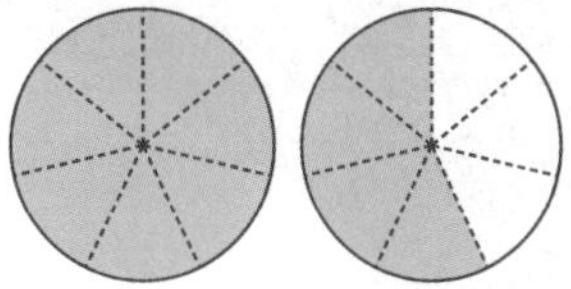

$1\frac{4}{7} = \frac{\square}{7}$

❻

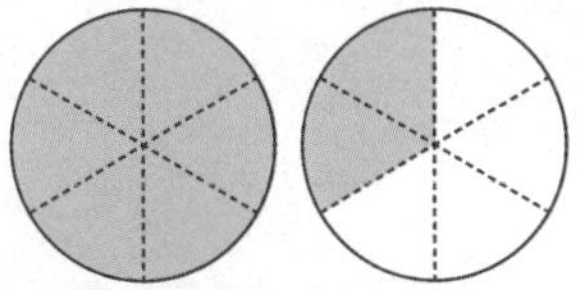

$1\frac{2}{6} = \frac{\square}{6}$

❼

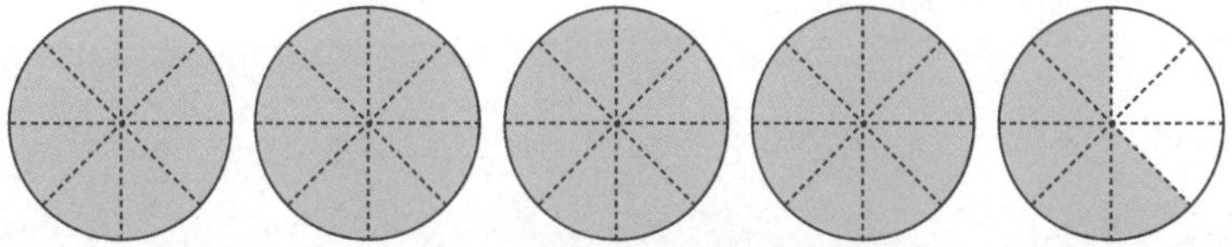

$4\frac{5}{8} = \frac{\square}{8}$

⑧

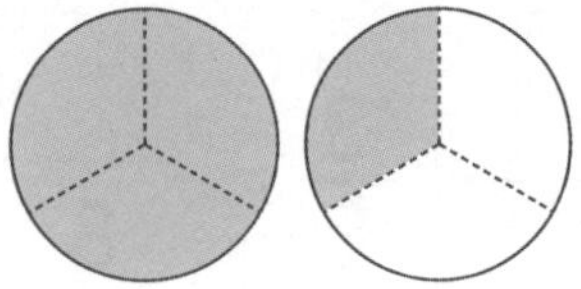

$$\frac{4}{3} = \square\frac{\square}{3}$$

⑨

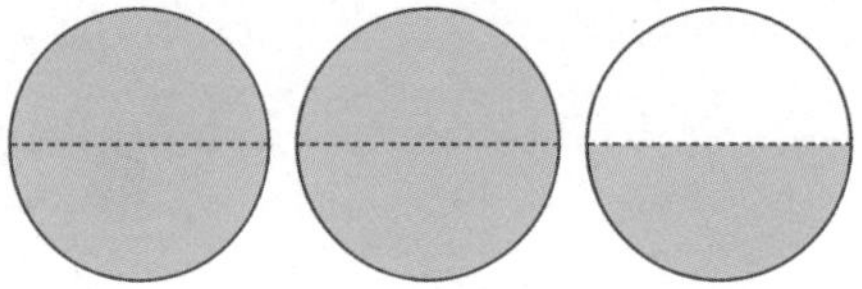

$$\frac{5}{2} = \square\frac{\square}{2}$$

⑩

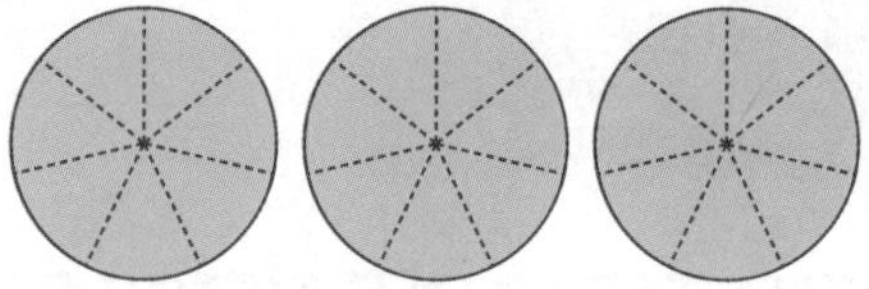

$$\frac{\square}{7} = \square$$

⑪

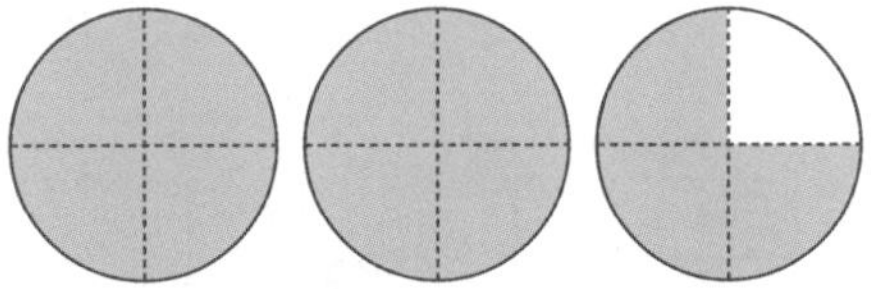

$$\frac{11}{4} = \square\frac{\square}{4}$$

⑫

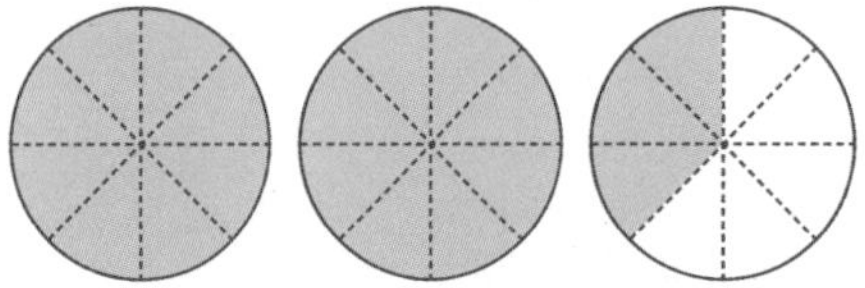

$$\frac{19}{8} = \square\frac{\square}{8}$$

⑬

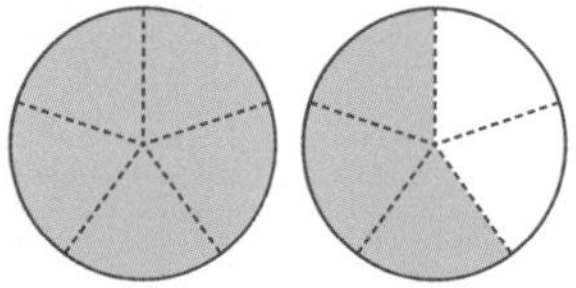

$$\frac{8}{5} = \square\frac{\square}{5}$$

⑭

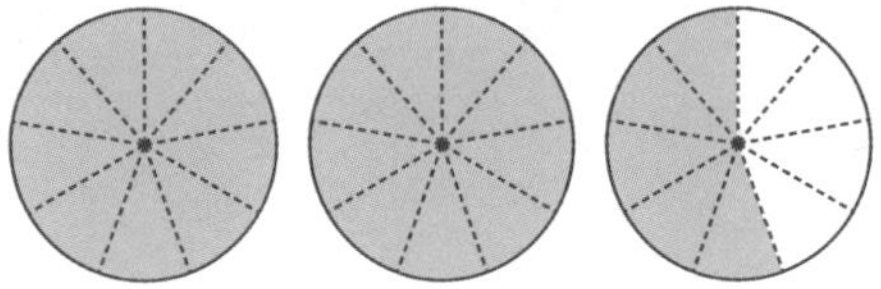

$$\frac{23}{9} = \square\frac{\square}{9}$$

⑮

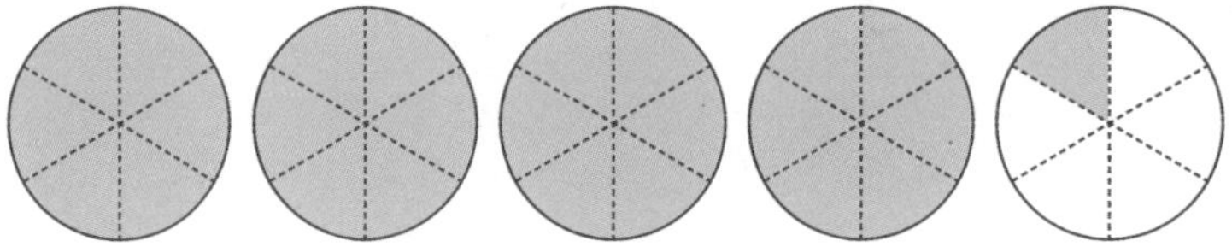

$$\frac{25}{6} = \square\frac{\square}{6}$$

공부 끝!

맞힌 개수

/15개

부모님 확인

오늘의 숫자 **42**에 색칠하세요.

Day 02

같은 자연수라도 분모에 따라 다른 분수로 나타낼 수 있어.

$1\frac{1}{2} = \frac{3}{2}$ (1 → $\frac{2}{2}$)　　$1\frac{1}{3} = \frac{4}{3}$ (1 → $\frac{3}{3}$)

❶ $2\frac{3}{8}$ = 2와 $\frac{3}{8}$ = $\frac{\square}{8}$과 $\frac{3}{8}$ = $\frac{\square}{8}$

❷ $2\frac{1}{5}$ = 2와 $\frac{1}{5}$ = $\frac{\square}{5}$과 $\frac{1}{5}$ = $\frac{\square}{5}$

❸ $1\frac{3}{4}$ = 1과 $\frac{3}{4}$ = $\frac{\square}{4}$와 $\frac{3}{4}$ = $\frac{\square}{4}$

❹ $5\frac{2}{7}$ = 5와 $\frac{2}{7}$ = $\frac{\square}{7}$와 $\frac{2}{7}$ = $\frac{\square}{7}$

❺ $4\frac{4}{9}$ = 4와 $\frac{4}{9}$ = $\frac{\square}{9}$과 $\frac{4}{9}$ = $\frac{\square}{9}$

❻ $3\frac{9}{10}$ = 3과 $\frac{9}{10}$ = $\frac{\square}{10}$과 $\frac{9}{10}$ = $\frac{\square}{10}$

❼ $1\frac{4}{11}$ = 1과 $\frac{4}{11}$ = $\frac{\square}{11}$과 $\frac{4}{11}$ = $\frac{\square}{11}$

❽ $2\frac{5}{12}$ = 2와 $\frac{5}{12}$ = $\frac{\square}{12}$와 $\frac{5}{12}$ = $\frac{\square}{12}$

자연수가 되는 분수만큼으로 갈라 봐.

$\frac{3}{2} = \frac{2}{2}$ 와 $\frac{1}{2}$ ($\frac{2}{2} \rightarrow 1$)　　$\frac{4}{3} = \frac{3}{3}$ 과 $\frac{1}{3}$ ($\frac{3}{3} \rightarrow 1$)

❾ $\frac{27}{8} = \frac{\square}{8}$ 와 $\frac{3}{8} = \square$ 과 $\frac{3}{8} = \square\frac{\square}{8}$

❿ $\frac{10}{4} = \frac{\square}{4}$ 과 $\frac{2}{4} = \square$ 와 $\frac{2}{4} = \square\frac{\square}{4}$

⓫ $\frac{15}{7} = \frac{\square}{7}$ 와 $\frac{1}{7} = \square$ 와 $\frac{1}{7} = \square\frac{\square}{7}$

⓬ $\frac{17}{9} = \frac{\square}{9}$ 와 $\frac{8}{9} = \square$ 과 $\frac{8}{9} = \square\frac{\square}{9}$

⓭ $\frac{13}{6} = \frac{\square}{6}$ 와 $\frac{1}{6} = \square$ 와 $\frac{1}{6} = \square\frac{\square}{6}$

⓮ $\frac{14}{3} = \frac{\square}{3}$ 와 $\frac{2}{3} = \square$ 와 $\frac{2}{3} = \square\frac{\square}{3}$

⓯ $\frac{25}{11} = \frac{\square}{11}$ 와 $\frac{3}{11} = \square$ 와 $\frac{3}{11} = \square\frac{\square}{11}$

공부 끝!

맞힌 개수 /15개

부모님 확인

오늘의 숫자 **88**에 색칠하세요.

Day 03

곱하기와 더하기를 이용해서 가분수로 나타내 봐.

분수의 모양은 달라도 크기는 같아요.

$$2\frac{3}{5} = \frac{2 \times 5 + 3}{5} = \frac{13}{5}$$

❶ $1\frac{1}{2}$

❷ $2\frac{1}{6}$

❸ $5\frac{2}{7}$

❹ $1\frac{2}{3}$

❺ $5\frac{4}{9}$

❻ $1\frac{3}{4}$

❼ $9\frac{3}{7}$

❽ $8\frac{3}{8}$

❾ $2\frac{6}{11}$

❿ $1\frac{7}{10}$

⓫ $7\frac{5}{6}$

⓬ $5\frac{2}{15}$

⓭ $3\frac{2}{5}$

⓮ $2\frac{8}{9}$

분수는 나누기를 나타내는 수야.

분수는 (분자) ÷ (분모)야.

$\frac{7}{3} \rightarrow 7 \div 3 = 2 \cdots 1 \rightarrow 2\frac{1}{3}$

⑮ $\frac{13}{4}$

$13 \div 4 = 3 \cdots 1$

⑯ $\frac{9}{7}$

⑰ $\frac{63}{8}$

⑱ $\frac{28}{5}$

⑲ $\frac{67}{10}$

⑳ $\frac{52}{9}$

㉑ $\frac{32}{13}$

㉒ $\frac{65}{11}$

㉓ $\frac{46}{6}$

㉔ $\frac{28}{15}$

㉕ $\frac{19}{12}$

㉖ $\frac{17}{3}$

㉗ $\frac{59}{14}$

공부 끝!

맞힌 개수

/27개

부모님 확인

오늘의 숫자 **1**에 색칠하세요.

Day 04

대분수나 자연수를 가분수로 나타내 봐.

❶ $4\frac{5}{7}$

❷ $2\frac{7}{9}$

❸ $6\frac{1}{4}$

❹ $8\frac{2}{5}$

❺ $3\frac{2}{6}$

❻ $2\frac{2}{17}$

❼ $3\frac{1}{13}$

❽ $2\frac{9}{10}$

❾ $7\frac{5}{8}$

❿ $3\frac{2}{11}$

⓫ $4\frac{5}{12}$

⓬ $1=\frac{\square}{2}$

⓭ $2=\frac{\square}{5}$

$\frac{2\times5}{5}=\frac{10}{5}$

⓮ $3=\frac{\square}{6}$

⓯ $4=\frac{\square}{8}$

(분자) ÷ (분모)의 몫과 나머지를 이용해서 분수로 나타내 봐.

⑯ $\frac{10}{3}$

⑰ $\frac{7}{4}$

⑱ $\frac{17}{6}$

⑲ $\frac{24}{5}$

⑳ $\frac{17}{9}$

㉑ $\frac{23}{8}$

㉒ $\frac{37}{12}$

㉓ $\frac{29}{6}$

㉔ $\frac{31}{8}$

㉕ $\frac{31}{2}$

㉖ $\frac{50}{7}$

㉗ $\frac{5}{5}=\square$

㉘ $\frac{16}{4}=\square$

㉙ $\frac{63}{9}=\square$

공부 끝!

맞힌 개수 /29개

부모님 확인

오늘의 숫자 **31**에 색칠하세요.

연산 놀이터

크기가 같은 가분수와 대분수가 만나도록 사다리에 선을 하나 더 그어 볼까?

부모님 확인

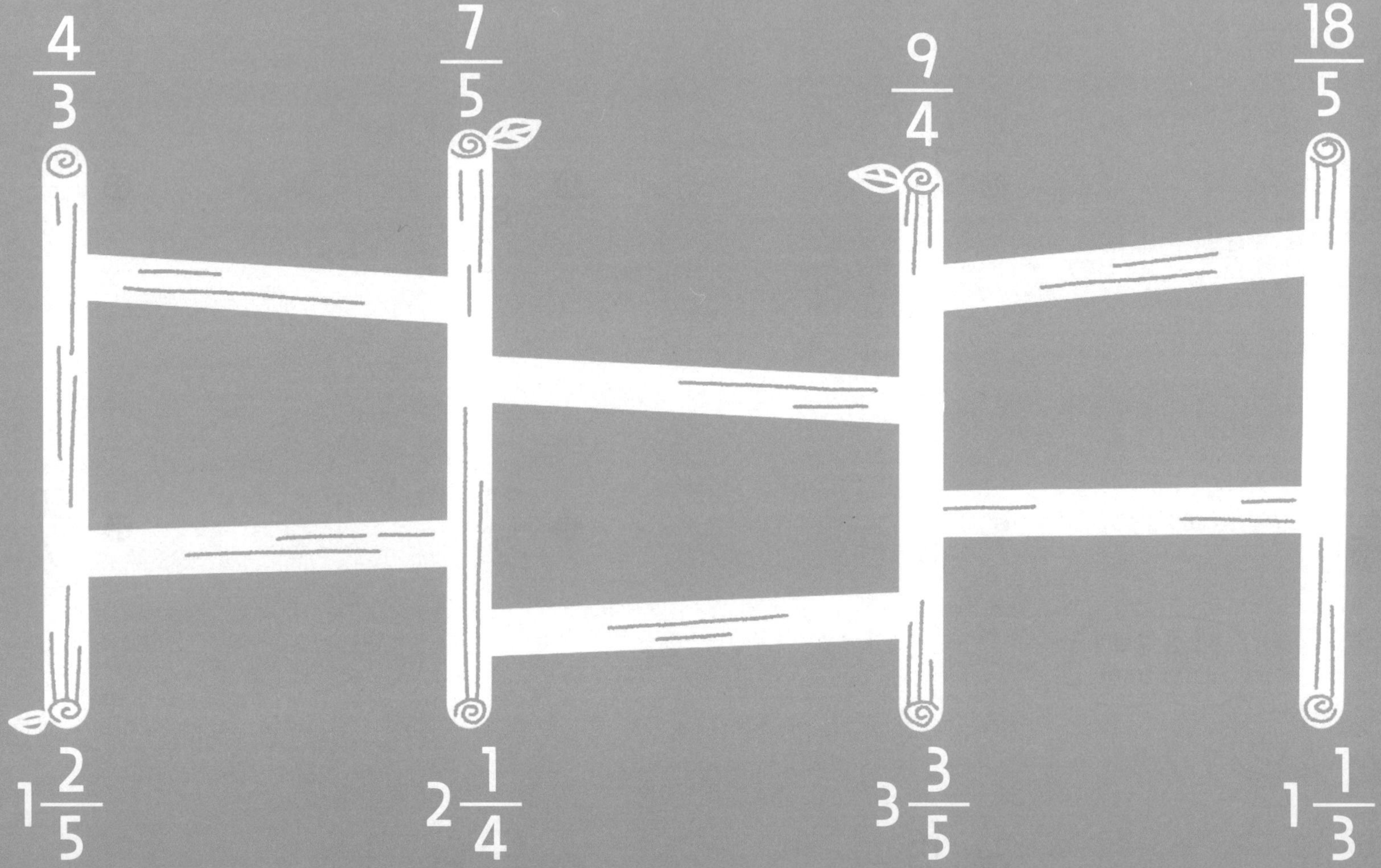

02

진분수의 덧셈

이번에는 무엇을 배울까?

대분수를 가분수로,
가분수를 대분수로 나타내기

진분수의 덧셈

대분수의 덧셈

이렇게 지도해요!

❶ **먼저 설명해 주세요.**

분모가 같은 진분수의 덧셈을 그림과 말로 풀어내었습니다. 아이와 함께 따라 읽어 보면서 분모가 같을 때는 왜 분모는 그대로 두고 분자끼리만 더해야 하는지 생각해 봅니다.

❷ **수를 이해하며 계산해요.**

설명과 이어지는 그림을 이용하여 Day5에서 재미있게 문제를 풉니다.

❸ **충분히 연습해요.**

Day6 ~ Day8의 문제 풀이를 통해 분모가 같은 진분수의 덧셈을 충분히 연습하고 분모가 같은 대분수의 덧셈을 대비합니다.

스스로 계획을 세워요!

	공부할 날짜	목표 시간	복습할 날짜
Day 05 48	월 / 일	분 / 9개	월 / 일
Day 06 48	월 / 일	분 / 17개	월 / 일
Day 07 48	월 / 일	분 / 30개	월 / 일
Day 08 48	월 / 일	분 / 30개	월 / 일

선생님의 칠판

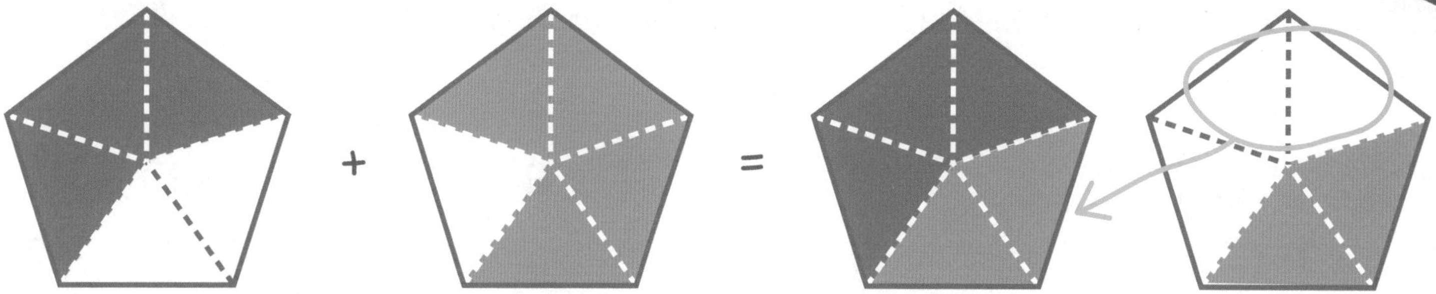

$$\frac{3}{5} + \frac{4}{5} = 1\frac{2}{5}$$

분모가 같은 진분수를 더할 때는 분모는 그대로 쓰고 분자끼리 더해.

가분수는 대분수로 나타내.

Day 05

색칠한 조각의 합만큼 색칠하고
색칠한 조각의 수를 분자에 쓰면 돼.

❶

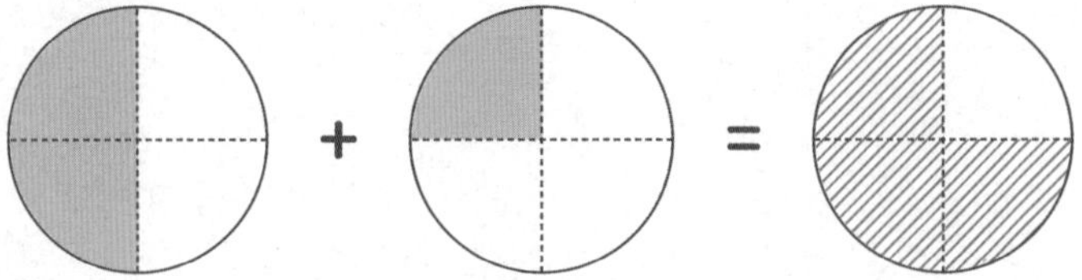

분수끼리 더하는 건 나누어진 조각의 수를 더하는 것과 같아.

$\frac{2}{4} + \frac{1}{4} = \frac{\square}{4}$

❷

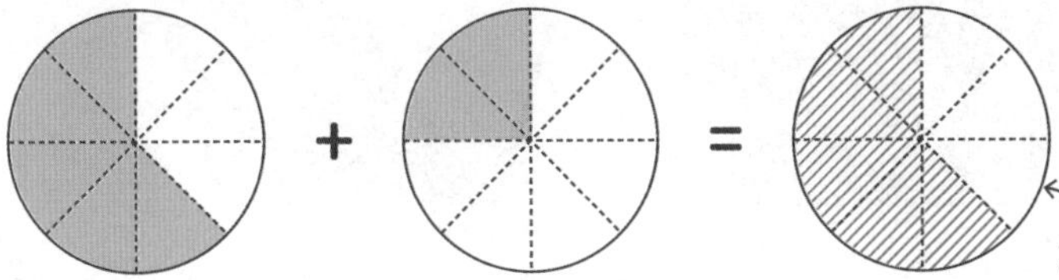

2칸을 더 색칠해야 해.

$\frac{5}{8} + \frac{2}{8} = \frac{\square}{8}$

❸

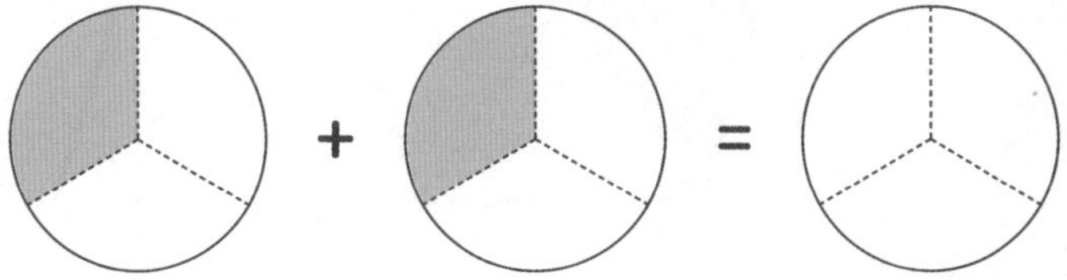

$\frac{1}{3} + \frac{1}{3} = \frac{\square}{3}$

❹

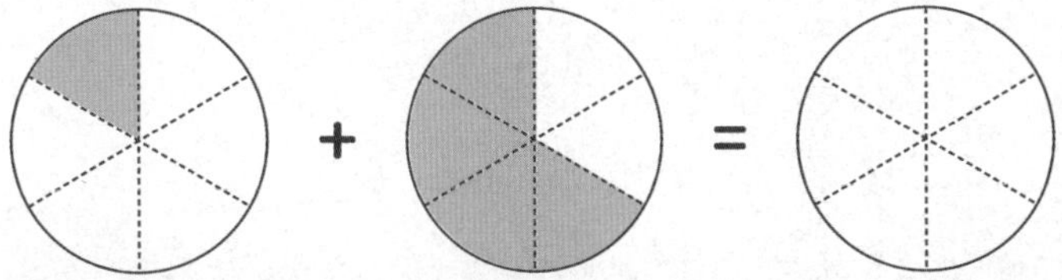

$\frac{1}{6} + \frac{4}{6} = \frac{\square}{6}$

❺

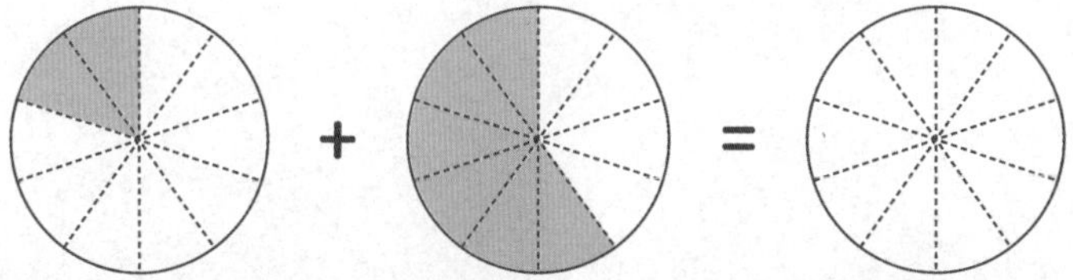

$\frac{2}{10} + \frac{6}{10} = \frac{\square}{10}$

색칠한 부분은 $\frac{1}{\bigstar}$이 몇 개인지 세어 봐.

❻

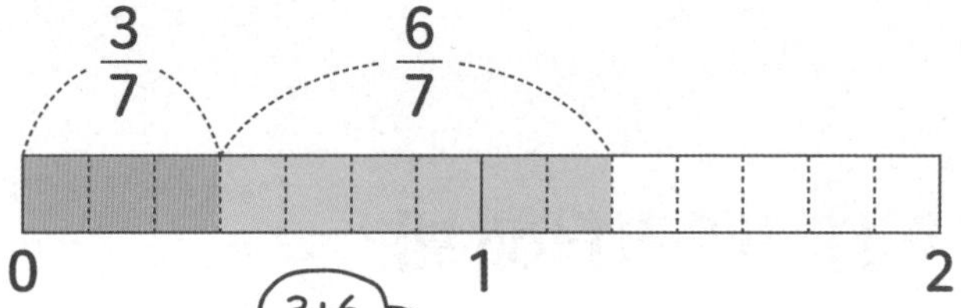

3+6

$$\frac{3}{7}+\frac{6}{7}=\frac{\square}{7}=\square\frac{\square}{7}$$

색칠한 한 칸 (0 ~ 1 막대)은 $\frac{1}{5}$이 1개야.

❼

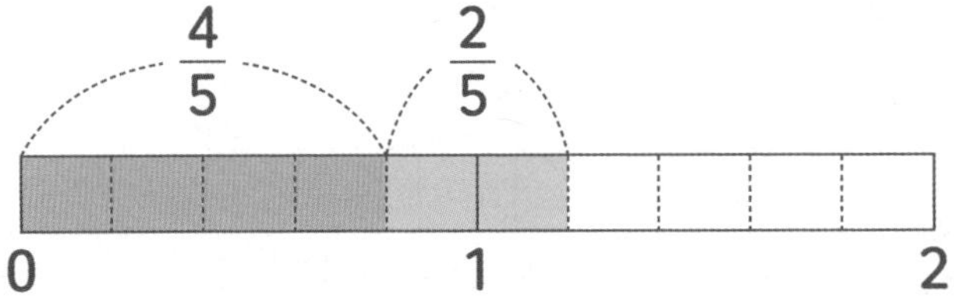

$$\frac{4}{5}+\frac{2}{5}=\frac{\square}{5}=\square\frac{\square}{5}$$

❽

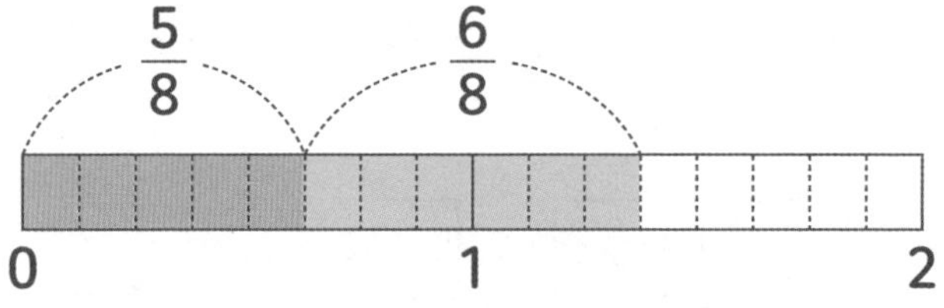

$$\frac{5}{8}+\frac{6}{8}=\frac{\square}{8}=\square\frac{\square}{8}$$

❾

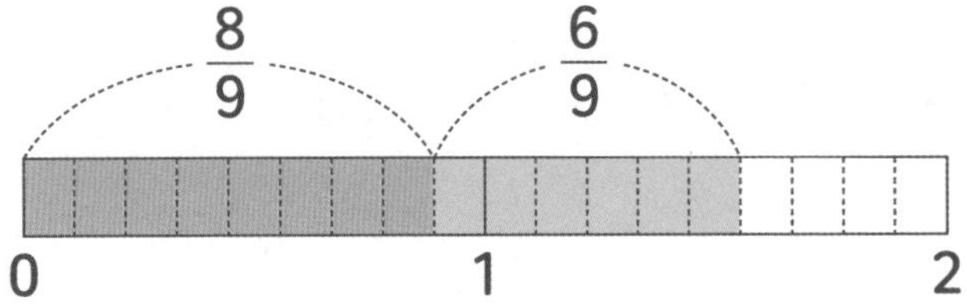

$$\frac{8}{9}+\frac{6}{9}=\frac{\square}{9}=\square\frac{\square}{9}$$

공부 끝!

맞힌 개수

/9개

부모님 확인

오늘의 숫자 **55**에 색칠하세요.

Day 06

분모는 그대로 두고 분자끼리 더해 봐.

❶ $\frac{3}{7}+\frac{2}{7}=\frac{3+2}{7}=\frac{\square}{7}$

❷ $\frac{1}{5}+\frac{3}{5}=\frac{\square+\square}{5}=\frac{\square}{5}$

❸ $\frac{2}{8}+\frac{5}{8}=\frac{\square+\square}{8}=\frac{\square}{8}$

❹ $\frac{2}{6}+\frac{3}{6}=\frac{\square+\square}{6}=\frac{\square}{6}$

❺ $\frac{5}{15}+\frac{8}{15}=\frac{\square+\square}{15}=\frac{\square}{15}$

❻ $\frac{1}{9}+\frac{6}{9}=\frac{\square+\square}{9}=\frac{\square}{9}$

❼ $\frac{3}{10}+\frac{6}{10}=\frac{\square+\square}{10}=\frac{\square}{10}$

❽ $\frac{5}{11}+\frac{3}{11}=\frac{\square+\square}{11}=\frac{\square}{11}$

❾ $\frac{8}{13}+\frac{2}{13}=\frac{\square+\square}{13}=\frac{\square}{13}$

계산 결과가 가분수이면 대분수로 나타내.

⑩ $\frac{2}{4}+\frac{3}{4}=\frac{\square+\square}{4}=\frac{\square}{4}=\square\frac{\square}{4}$

⑪ $\frac{4}{5}+\frac{3}{5}=\frac{\square+\square}{5}=\frac{\square}{5}=\square\frac{\square}{5}$

⑫ $\frac{5}{8}+\frac{4}{8}=\frac{\square+\square}{8}=\frac{\square}{8}=\square\frac{\square}{8}$

⑬ $\frac{8}{10}+\frac{3}{10}=\frac{\square+\square}{10}=\frac{\square}{10}=\square\frac{\square}{10}$

⑭ $\frac{4}{6}+\frac{5}{6}=\frac{\square+\square}{6}=\frac{\square}{6}=\square\frac{\square}{6}$

⑮ $\frac{7}{12}+\frac{8}{12}=\frac{\square+\square}{12}=\frac{\square}{12}=\square\frac{\square}{12}$

⑯ $\frac{2}{3}+\frac{2}{3}=\frac{\square+\square}{3}=\frac{\square}{3}=\square\frac{\square}{3}$

⑰ $\frac{9}{14}+\frac{8}{14}=\frac{\square+\square}{14}=\frac{\square}{14}=\square\frac{\square}{14}$

공부 끝!

맞힌 개수 /17개

부모님 확인

오늘의 숫자 **62**에 색칠하세요.

Day 07

왜 분모는 그대로 두고 분자끼리만 더하는지 생각하며 계산해 봐.

❶ $\frac{1}{5}+\frac{2}{5}$

전체를 똑같이 5로 나눈 것 중의 1과 2를 더하는 거야.

❷ $\frac{2}{7}+\frac{3}{7}$

❸ $\frac{8}{15}+\frac{4}{15}$

❹ $\frac{1}{9}+\frac{4}{9}$

❺ $\frac{3}{6}+\frac{1}{6}$

❻ $\frac{5}{8}+\frac{2}{8}$

❼ $\frac{7}{10}+\frac{2}{10}$

❽ $\frac{2}{4}+\frac{1}{4}$

❾ $\frac{1}{3}+\frac{1}{3}$

❿ $\frac{7}{12}+\frac{4}{12}$

⓫ $\frac{6}{11}+\frac{3}{11}$

⓬ $\frac{11}{16}+\frac{4}{16}$

⓭ $\frac{3}{14}+\frac{9}{14}$

⓮ $\frac{7}{22}+\frac{13}{22}$

⓯ $\frac{3}{8}+\frac{3}{8}$

계산 결과를 대분수로 나타낼 때,
(분자) ÷ (분모)를 이용해 봐.

⑯ $\frac{4}{5}+\frac{4}{5}$

⑰ $\frac{7}{8}+\frac{4}{8}$

⑱ $\frac{7}{11}+\frac{5}{11}$

⑲ $\frac{5}{9}+\frac{6}{9}$

⑳ $\frac{7}{18}+\frac{12}{18}$

㉑ $\frac{1}{3}+\frac{2}{3}$

㉒ $\frac{5}{6}+\frac{2}{6}$

㉓ $\frac{11}{12}+\frac{5}{12}$

㉔ $\frac{6}{7}+\frac{5}{7}$

㉕ $\frac{8}{13}+\frac{11}{13}$

㉖ $\frac{3}{4}+\frac{3}{4}$

㉗ $\frac{12}{14}+\frac{5}{14}$

㉘ $\frac{17}{23}+\frac{12}{23}$

㉙ $\frac{4}{10}+\frac{8}{10}$

㉚ $\frac{8}{19}+\frac{14}{19}$

공부 끝!

맞힌 개수

/30개

부모님 확인

오늘의 숫자 **5**에 색칠하세요.

Day 08

분모는 그대로!
분자끼리만 더하기!

❶ $\frac{1}{4}+\frac{2}{4}$

❷ $\frac{2}{3}+\frac{2}{3}$

❸ $\frac{9}{14}+\frac{11}{14}$

❹ $\frac{3}{5}+\frac{2}{5}$

❺ $\frac{15}{16}+\frac{11}{16}$

❻ $\frac{4}{8}+\frac{1}{8}$

❼ $\frac{9}{10}+\frac{5}{10}$

❽ $\frac{5}{6}+\frac{4}{6}$

❾ $\frac{10}{13}+\frac{1}{13}$

❿ $\frac{8}{9}+\frac{6}{9}$

⓫ $\frac{3}{12}+\frac{5}{12}$

⓬ $\frac{4}{7}+\frac{5}{7}$

⓭ $\frac{13}{15}+\frac{1}{15}$

⓮ $\frac{1}{11}+\frac{9}{11}$

⓯ $\frac{15}{21}+\frac{14}{21}$

⑯ $\frac{1}{2} + \frac{1}{2}$

⑰ $\frac{3}{7} + \frac{6}{7}$

⑱ $\frac{3}{8} + \frac{3}{8}$

⑲ $\frac{1}{5} + \frac{3}{5}$

⑳ $\frac{6}{13} + \frac{8}{13}$

㉑ $\frac{7}{9} + \frac{3}{9}$

㉒ $\frac{5}{15} + \frac{12}{15}$

㉓ $\frac{6}{10} + \frac{1}{10}$

㉔ $\frac{6}{12} + \frac{5}{12}$

㉕ $\frac{10}{14} + \frac{7}{14}$

㉖ $\frac{5}{6} + \frac{2}{6}$

㉗ $\frac{4}{11} + \frac{3}{11}$

㉘ $\frac{9}{17} + \frac{12}{17}$

㉙ $\frac{2}{13} + \frac{8}{13}$

㉚ $\frac{3}{4} + \frac{2}{4}$

공부 끝!

맞힌 개수

/30개

부모님 확인

오늘의 숫자 **85**에 색칠하세요.

연산 놀이터

계산이 바르게 된 재료로만 아이스크림을 만들어 먹을 수 있어.
토끼가 어떤 아이스크림을 먹을 수 있는지 그려 볼까?

부모님 확인

토핑

$$\frac{2}{4}+\frac{1}{4}=\frac{3}{4}$$

$$\frac{5}{7}+\frac{1}{7}=\frac{4}{7}$$

아이스크림

$$\frac{1}{9}+\frac{1}{9}=\frac{3}{9}$$

$$\frac{3}{13}+\frac{11}{13}=1\frac{1}{13}$$

03

대분수의 덧셈

이번에는 무엇을 배울까?

진분수의 덧셈 | **대분수의 덧셈** | 진분수의 뺄셈

이렇게 지도해요!

❶ 먼저 설명해 주세요.

분모가 같은 대분수의 덧셈을 그림과 말로 풀어내었습니다. 아이와 함께 따라 읽어 보면서 대분수의 덧셈은 자연수는 자연수끼리, 분수는 분수끼리의 덧셈과 같음을 이해합니다.

❷ 수를 이해하며 계산해요.

설명과 이어지는 그림을 이용하여 Day9에서 재미있게 문제를 풉니다.

❸ 충분히 연습해요.

Day10 ~ Day12의 문제 풀이를 통해 분모가 같은 대분수의 덧셈을 충분히 연습하고 분모가 같은 진분수의 뺄셈을 대비합니다.

스스로 계획을 세워요!

	공부할 날짜	목표 시간	복습할 날짜
Day 09 /48	월 / 일	분 / 10개	월 / 일
Day 10 /48	월 / 일	분 / 11개	월 / 일
Day 11 /48	월 / 일	분 / 14개	월 / 일
Day 12 /48	월 / 일	분 / 22개	월 / 일

선생님의 칠판

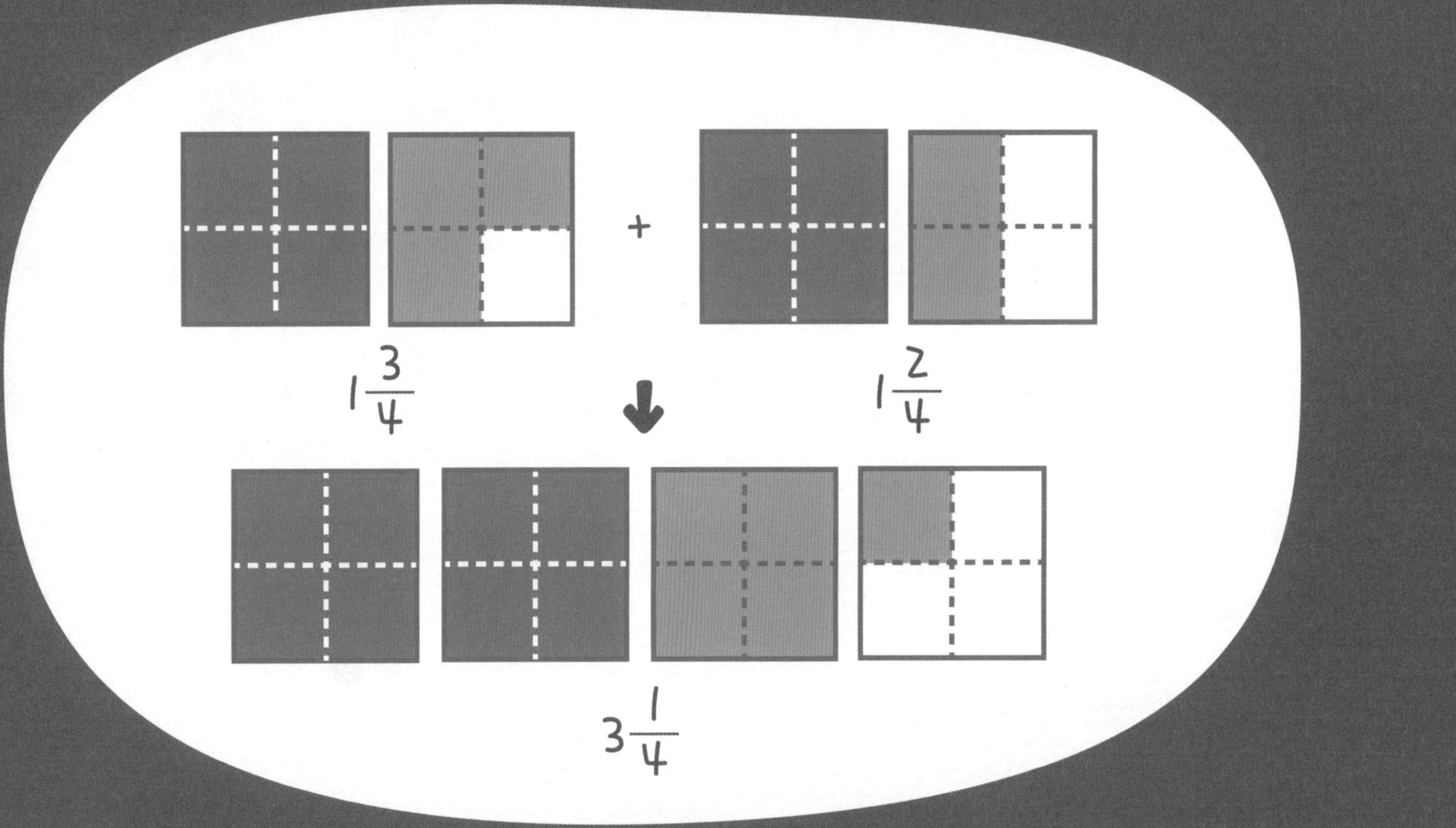

자연수는 자연수끼리, 분수는 분수끼리 더할 수 있어.

Day 09

더하는 두 분수만큼 모두 색칠하고 분수로 나타내 봐.

❶

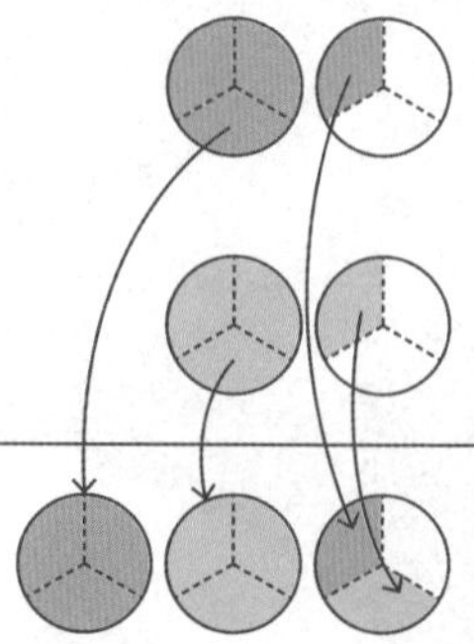

$1\frac{1}{3}$

$+\ 1\frac{1}{3}$

□

❷

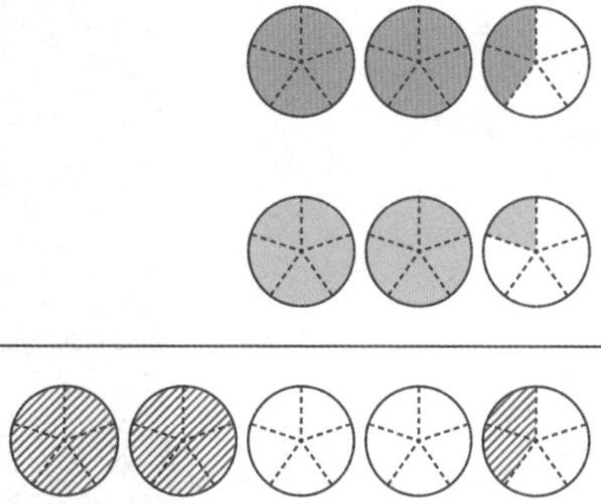

$2\frac{2}{5}$

$+\ 2\frac{1}{5}$

□

❸

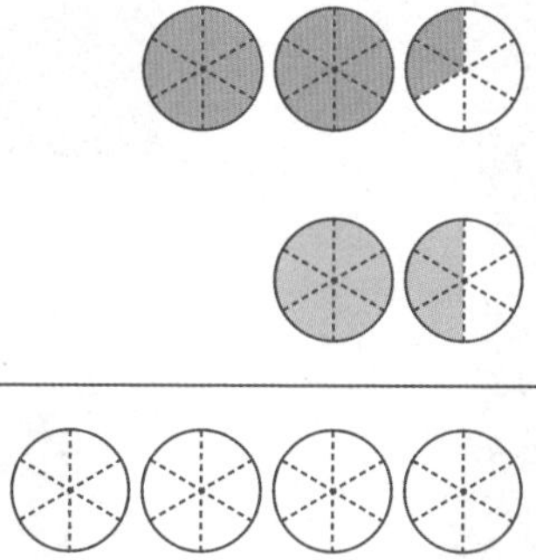

$2\frac{2}{6}$

$+\ 1\frac{3}{6}$

□

❹

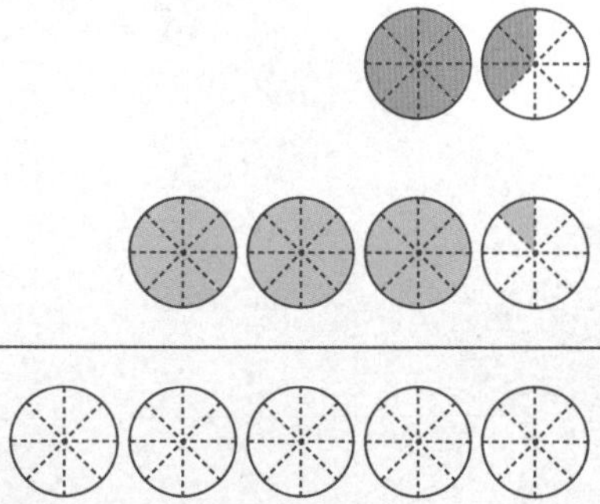

$1\frac{3}{8}$

$+\ 3\frac{1}{8}$

□

❺

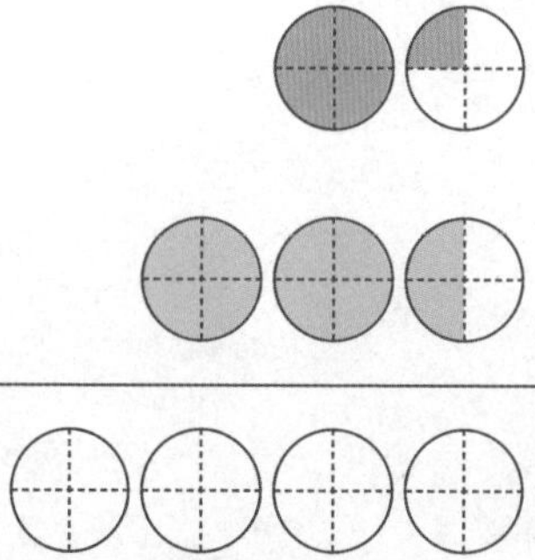

$1\frac{1}{4}$

$+\ 2\frac{2}{4}$

□

$\frac{3}{4}+\frac{2}{4}=\frac{5}{4}=1\frac{1}{4}$

❻

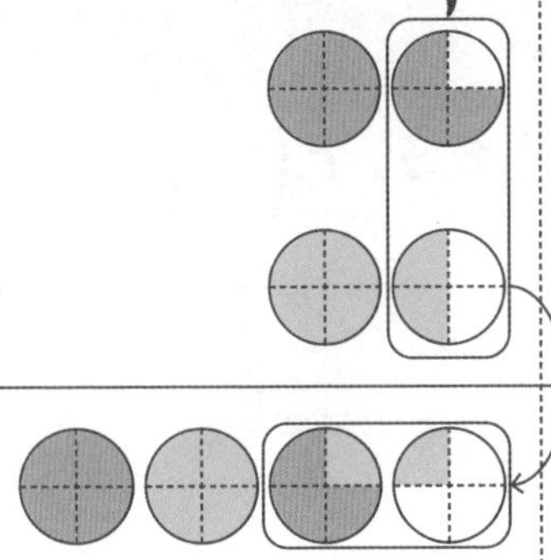

$$\begin{array}{r} 1\frac{3}{4} \\ +\ 1\frac{2}{4} \\ \hline \square \end{array}$$

❼

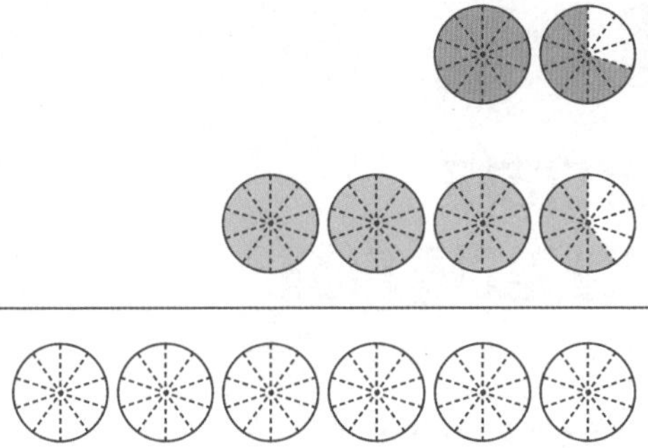

$$\begin{array}{r} 1\frac{7}{10} \\ +\ 3\frac{6}{10} \\ \hline \square \end{array}$$

❽

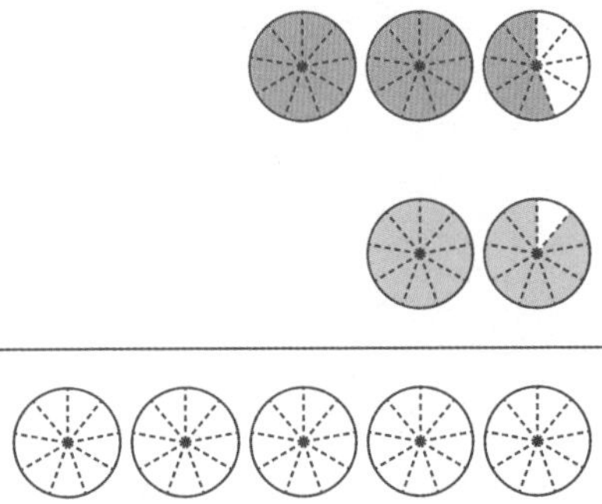

$$\begin{array}{r} 2\frac{5}{9} \\ +\ 1\frac{8}{9} \\ \hline \square \end{array}$$

❾

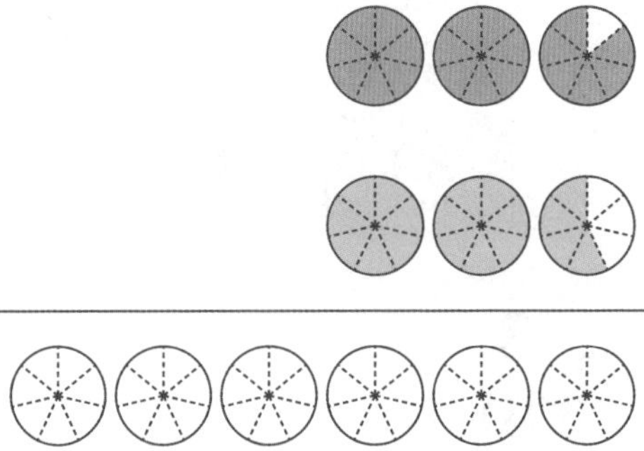

$$\begin{array}{r} 2\frac{6}{7} \\ +\ 2\frac{4}{7} \\ \hline \square \end{array}$$

❿

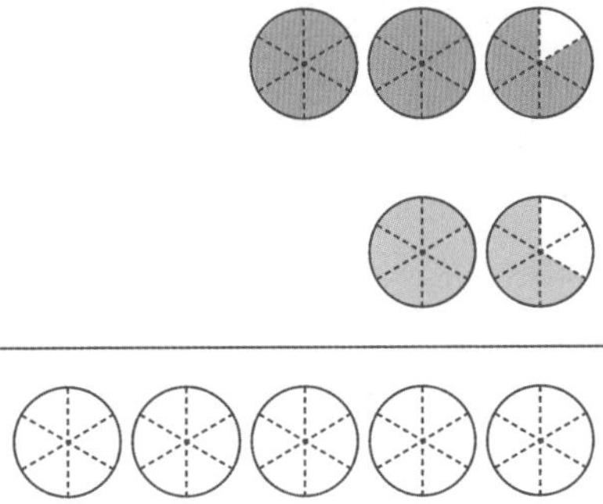

$$\begin{array}{r} 2\frac{5}{6} \\ +\ 1\frac{4}{6} \\ \hline \square \end{array}$$

공부 끝!

맞힌 개수 /10개

부모님 확인

Day 10

자연수끼리 더하고 분수끼리 더한 결과를 더해.

❶ 자연수끼리 더하고

$$1\frac{2}{4}+2\frac{1}{4}=(1+2)+\left(\frac{2}{4}+\frac{1}{4}\right)$$

❷ 분수끼리 더해

$$=3+\frac{3}{4}=3\frac{3}{4}$$

❶ $2\frac{2}{4}+3\frac{1}{4}=(2+3)+\left(\frac{\square}{4}+\frac{\square}{4}\right)$

$=\square+\frac{\square}{4}=$ ________

❷ $1\frac{1}{6}+4\frac{3}{6}$

$=$ ________

❸ $3\frac{2}{10}+1\frac{3}{10}$

$=$ ________

❹ $1\frac{1}{7}+5\frac{3}{7}$

$=$ ________

❺ $5\frac{5}{8}+2\frac{2}{8}$

$=$ ________

❻ $2\frac{6}{13}+1\frac{4}{13}$

$=$ ________

가분수를 대분수로 나타내야 해!

❼ $2\frac{3}{6}+3\frac{5}{6}=(2+3)+\left(\frac{\square}{6}+\frac{\square}{6}\right)=\square+\frac{\square}{6}=\square+\square\frac{\square}{6}=$ ______

(대분수)=(자연수)+(진분수)인 분수야. 그러니 $5\frac{8}{6}$로 쓸 수 없겠지?

❽ $4\frac{11}{12}+2\frac{5}{12}=$ ______

❾ $1\frac{8}{9}+3\frac{7}{9}=$ ______

❿ $1\frac{5}{7}+2\frac{4}{7}=$ ______

⓫ $3\frac{14}{17}+2\frac{12}{17}=$ ______

공부 끝!

맞힌 개수

/11개

부모님 확인

오늘의 숫자 **12**에 색칠하세요.

Day 11

대분수를 가분수로 나타내어 더하는 방법도 있어.

❶ $1\frac{2}{3} + 2\frac{2}{3} = \frac{\square}{3} + \frac{\square}{3} = \frac{\square}{3} = $ ______

($1\frac{2}{3}$: $\frac{1\times3+2}{3}$, $2\frac{2}{3}$: $\frac{2\times3+2}{3}$)

대분수로 나타내 봐!

❷ $1\frac{4}{5} + 2\frac{3}{5} = $ ______

❸ $1\frac{8}{13} + 2\frac{6}{13} = $ ______

❹ $2\frac{5}{9} + 2\frac{2}{9} = $ ______

❺ $3\frac{5}{15} + 2\frac{1}{15} = $ ______

❻ $1\frac{1}{16} + 2\frac{2}{16} = $ ______

❼ $2\frac{4}{8} + 1\frac{3}{8} = $ ______

❽ $2\frac{9}{10}+1\frac{5}{10}=$ ______________________

❾ $3\frac{1}{5}+1\frac{3}{5}=$ ______________________

❿ $2\frac{5}{7}+3\frac{6}{7}=$ ______________________

⓫ $1\frac{2}{4}+1\frac{3}{4}=$ ______________________

⓬ $2\frac{1}{2}+2\frac{1}{2}=$ ______________________

⓭ $1\frac{7}{11}+2\frac{5}{11}=$ ______________________

⓮ $1\frac{3}{6}+1\frac{5}{6}=$ ______________________

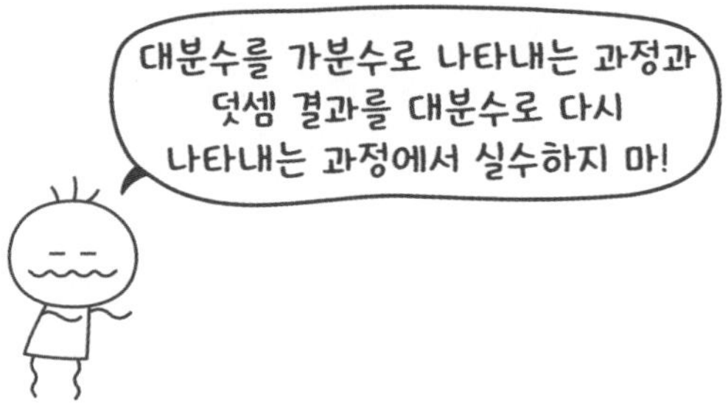

공부 끝!

맞힌 개수 /14개

부모님 확인

오늘의 숫자 **33**에 색칠하세요.

Day 12

자연수끼리, 분수끼리 계산하거나 가분수로 나타내어 계산해 봐.

❶ $3\frac{1}{4}+1\frac{2}{4}$

❷ $3\frac{5}{7}+3\frac{4}{7}$

❸ $4\frac{2}{3}+1\frac{1}{3}$

❹ $1\frac{2}{9}+3\frac{5}{9}$

❺ $1\frac{6}{10}+2\frac{7}{10}$

❻ $2\frac{2}{6}+2\frac{5}{6}$

❼ $3\frac{12}{15}+1\frac{8}{15}$

❽ $1\frac{2}{8}+3\frac{3}{8}$

❾ $1\frac{5}{17}+3\frac{8}{17}$

❿ $2\frac{11}{14}+3\frac{9}{14}$

⓫ $4\frac{7}{16}+2\frac{3}{16}$

⑫ $5\frac{1}{2}+1\frac{1}{2}$

⑬ $2\frac{9}{10}+2\frac{8}{10}$

⑭ $1\frac{13}{15}+2\frac{9}{15}$

⑮ $4\frac{5}{12}+1\frac{3}{12}$

⑯ $3\frac{5}{11}+1\frac{1}{11}$

⑰ $2\frac{4}{5}+4\frac{2}{5}$

⑱ $2\frac{3}{4}+2\frac{2}{4}$

⑲ $3\frac{4}{7}+2\frac{5}{7}$

⑳ $2\frac{1}{13}+1\frac{10}{13}$

㉑ $3\frac{8}{20}+2\frac{9}{20}$

㉒ $2\frac{5}{9}+3\frac{3}{9}$

공부 끝!

맞힌 개수

/22개

부모님 확인

오늘의 숫자 **48**에 색칠하세요.

연산 놀이터

부모님 확인

북극곰이 얼음 조각을 화살표 방향으로 지나가며 부수고 있어.

얼음 한 조각의 무게가 $1\frac{2}{3}$ kg일 때, 남은 얼음의 무게는 총 몇 kg일까?

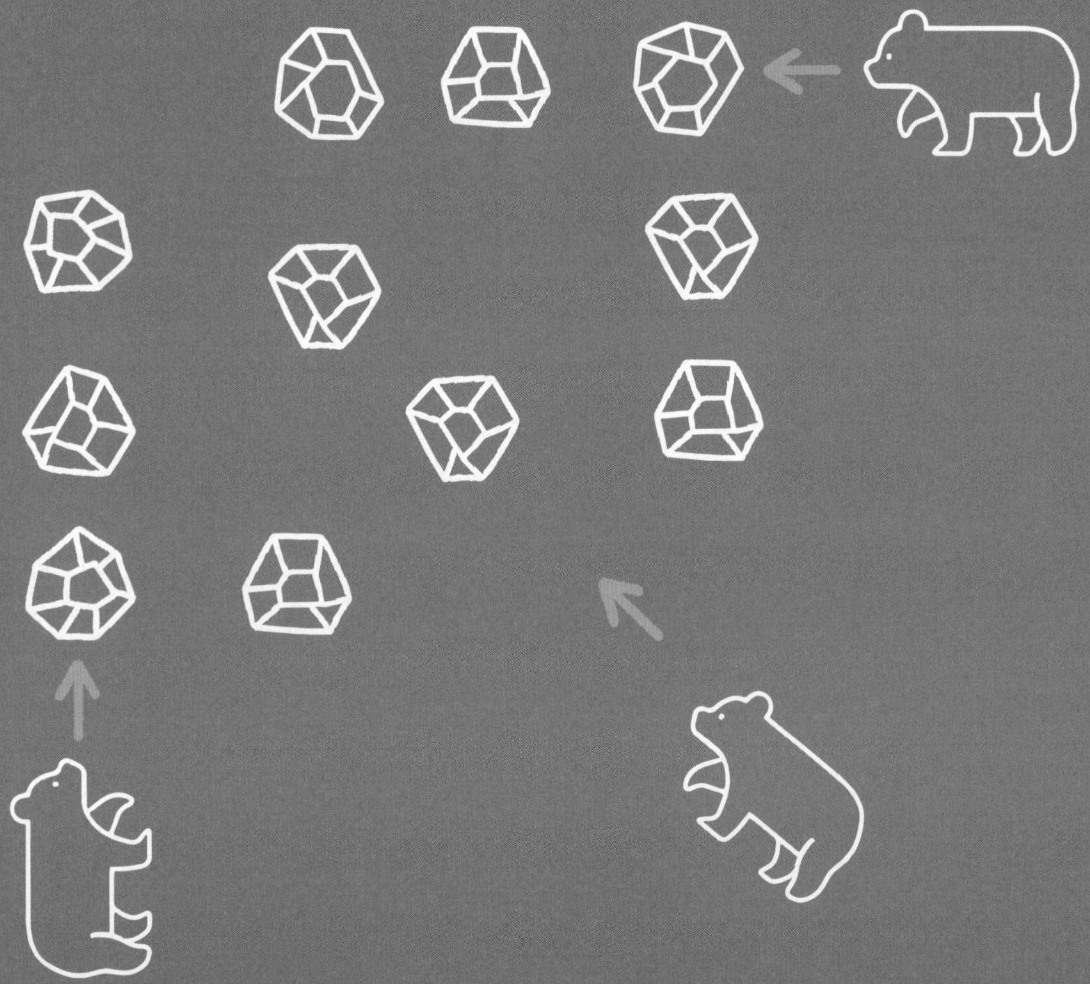

04

진분수의 뺄셈

이번에는 무엇을 배울까?

대분수의 덧셈

진분수의 뺄셈

받아내림이 없는 대분수의 뺄셈

이렇게 지도해요!

❶ 먼저 설명해 주세요.

분모가 같은 진분수의 뺄셈을 그림과 말로 풀어내었습니다. 아이와 함께 따라 읽어 보면서 분모가 같을 때는 분모는 그대로 두고 분자끼리만 뺀다는 것을 이해합니다.

❷ 수를 이해하며 계산해요.

설명과 이어지는 그림을 이용하여 Day13에서 재미있게 문제를 풉니다.

❸ 충분히 연습해요.

Day14 ~ Day16의 문제 풀이를 통해 분모가 같은 진분수의 뺄셈을 충분히 연습하고 분모가 같은 대분수의 뺄셈을 대비합니다.

스스로 계획을 세워요!

	공부할 날짜	목표 시간	복습할 날짜
Day 13 (48)	월 / 일	분 / 15개	월 / 일
Day 14 (48)	월 / 일	분 / 18개	월 / 일
Day 15 (48)	월 / 일	분 / 30개	월 / 일
Day 16 (48)	월 / 일	분 / 30개	월 / 일

선생님의 칠판

$\frac{6}{8}$ 에서 $\frac{3}{8}$ 을 빼면 $\frac{3}{8}$ 이 남아.

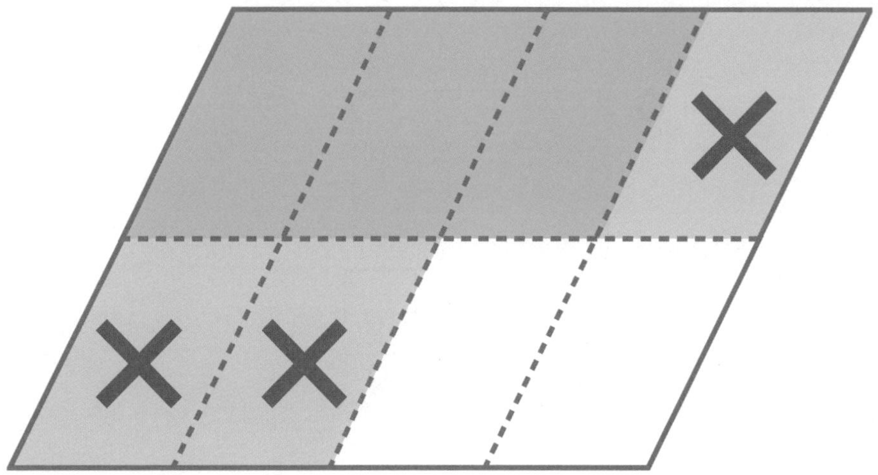

분모가 같은 진분수를 뺄 때는 분모를 그대로 쓰고, 분자끼리만 빼.

Day 13

빼는 분수만큼 ×표로 지우고 남은 조각의 수를 분자에 써 봐.

❶

$\frac{1}{3}$만큼을 지우면

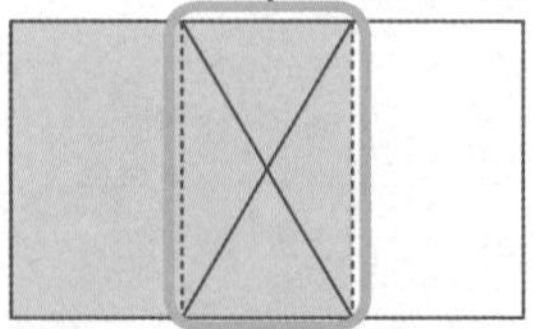

$$\frac{2}{3} - \frac{1}{3} = \frac{\square}{3}$$

남은 조각은 전체의 몇 분의 몇일까?

❷

빼는 분수만큼 색칠한 부분을 지워 봐.

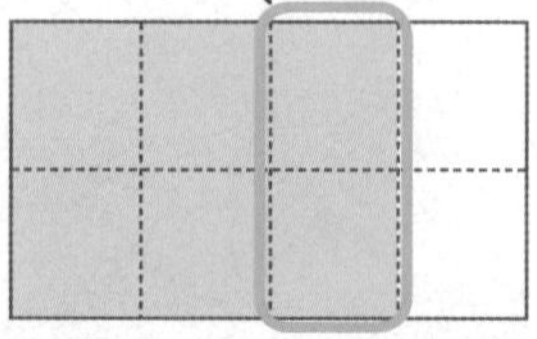

$$\frac{6}{8} - \frac{2}{8} = \frac{\square}{8}$$

❸

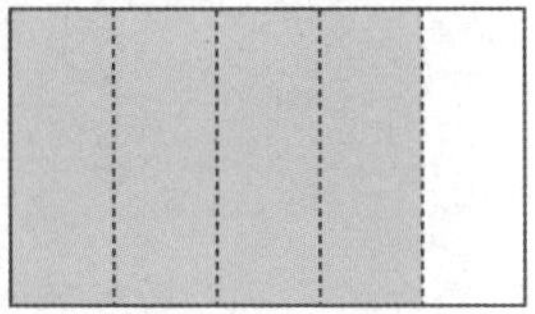

$$\frac{4}{5} - \frac{2}{5} = \frac{\square}{5}$$

❹

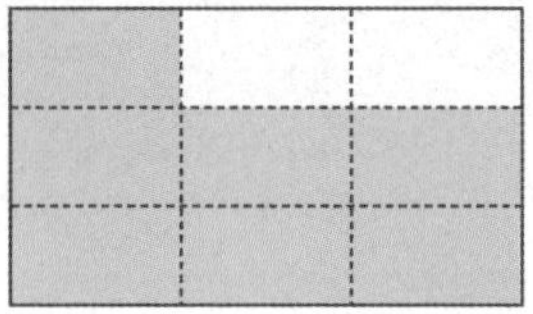

$$\frac{7}{9} - \frac{4}{9} = \frac{\square}{9}$$

❺

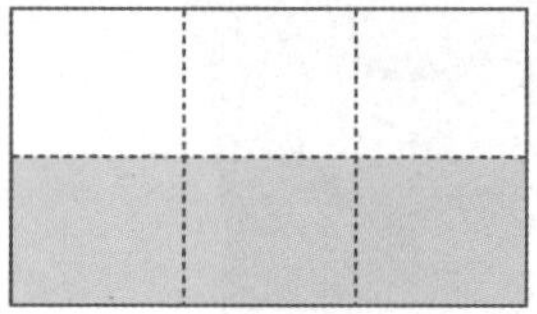

$$\frac{3}{6} - \frac{1}{6} = \frac{\square}{6}$$

❻

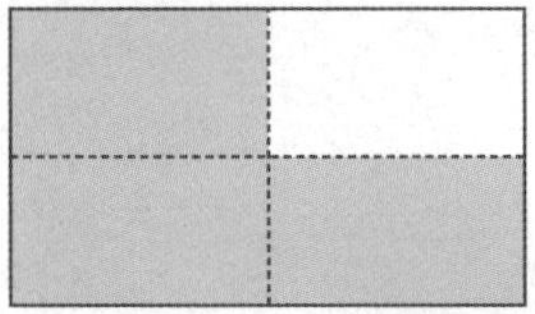

$$\frac{3}{4} - \frac{1}{4} = \frac{\square}{4}$$

❼

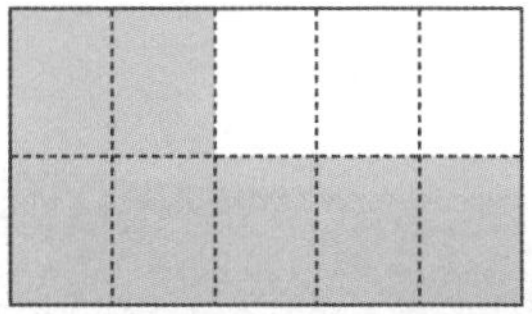

$$\frac{7}{10} - \frac{3}{10} = \frac{\square}{10}$$

❽

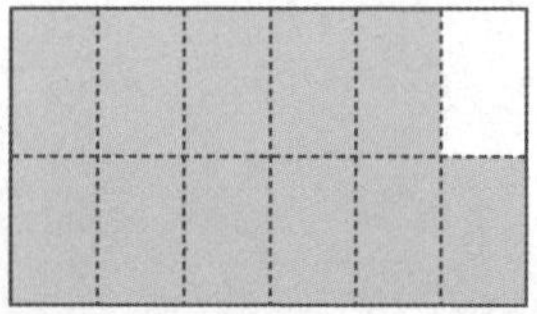

$$\frac{11}{12} - \frac{5}{12} = \frac{\square}{12}$$

전체에서 빼고 남은 조각은 몇 개인지 세어 분자에 써 봐.

⑨

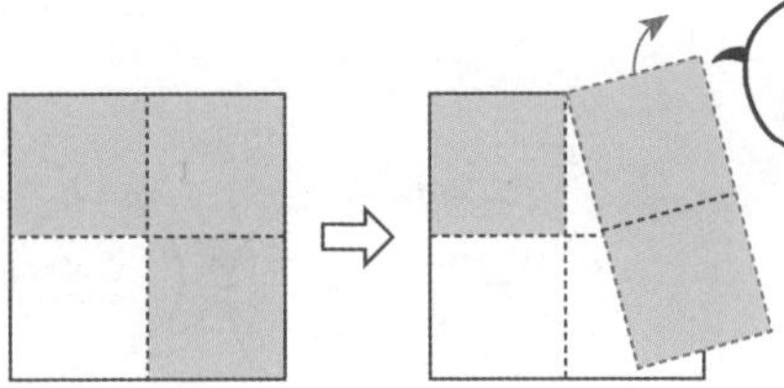

$$\frac{3}{4} - \frac{2}{4} = \frac{\square}{4}$$

남은 조각은 전체의 몇 분의 몇일까?

⑩

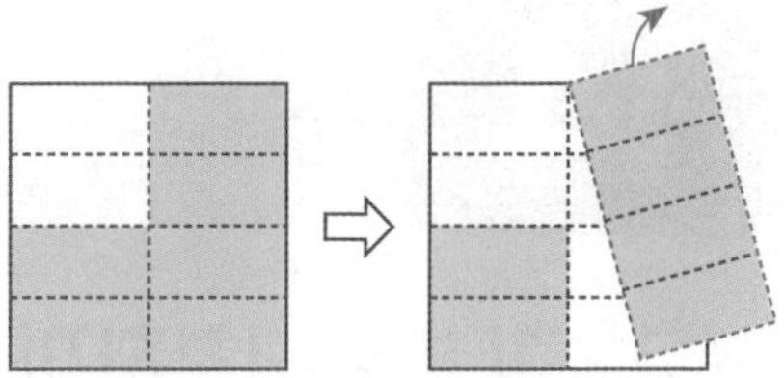

$$\frac{6}{8} - \frac{4}{8} = \frac{\square}{8}$$

⑪

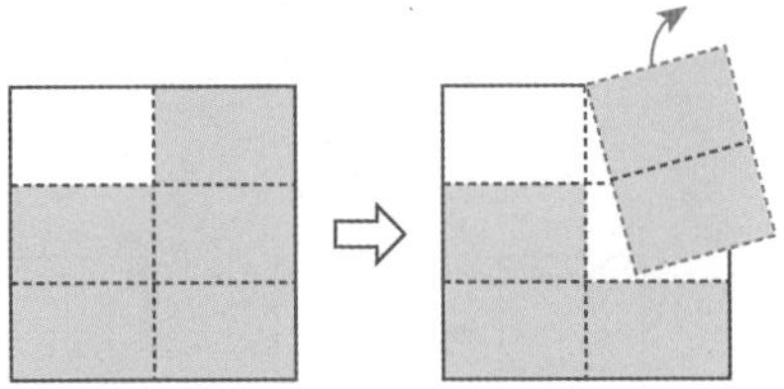

$$\frac{5}{6} - \frac{2}{6} = \frac{\square}{6}$$

⑫

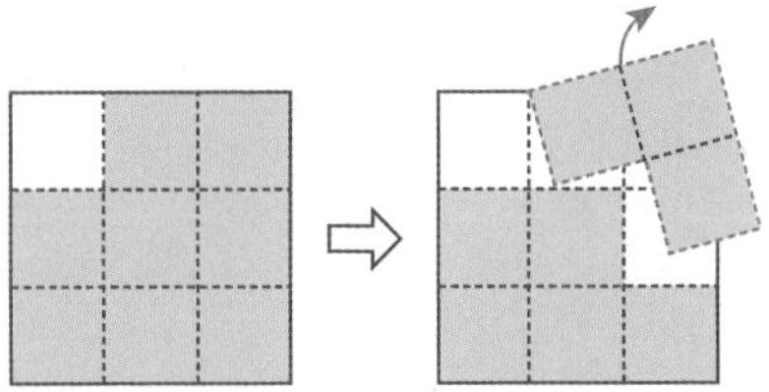

$$\frac{8}{9} - \frac{3}{9} = \frac{\square}{9}$$

⑬

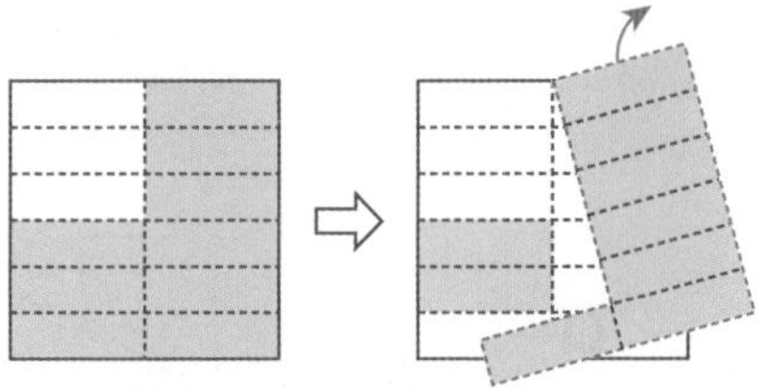

$$\frac{9}{12} - \frac{7}{12} = \frac{\square}{12}$$

⑭

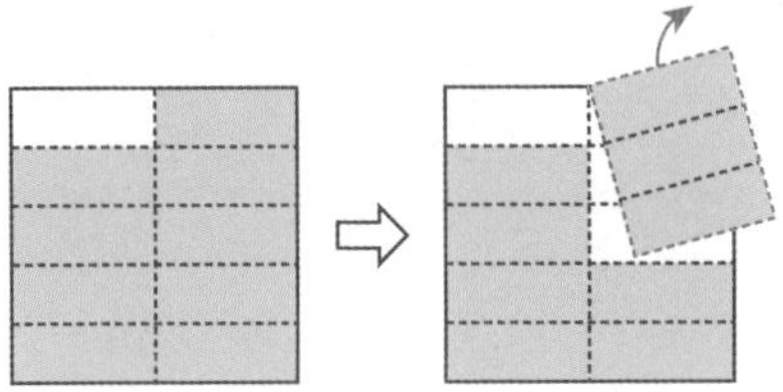

$$\frac{9}{10} - \frac{3}{10} = \frac{\square}{10}$$

⑮

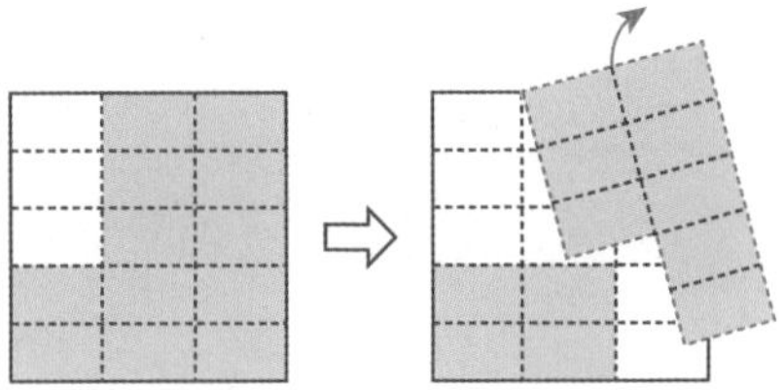

$$\frac{12}{15} - \frac{8}{15} = \frac{\square}{15}$$

공부 끝!

맞힌 개수 /15개

부모님 확인

오늘의 숫자 **57**에 색칠하세요.

Day 14

분모는 그대로 두고 분자끼리 빼야 해.

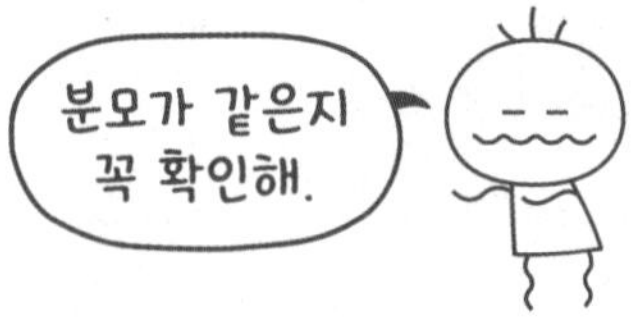

❶ $\frac{5}{7}-\frac{3}{7}=\frac{5-3}{7}=\frac{\square}{7}$

❷ $\frac{3}{4}-\frac{2}{4}=\frac{\square-\square}{4}=\frac{\square}{4}$

❸ $\frac{7}{8}-\frac{2}{8}=\frac{\square-\square}{8}=\frac{\square}{8}$

❹ $\frac{9}{13}-\frac{4}{13}=\frac{\square-\square}{13}=\frac{\square}{13}$

❺ $\frac{4}{5}-\frac{2}{5}=\frac{\square-\square}{5}=\frac{\square}{5}$

❻ $\frac{4}{6}-\frac{3}{6}=\frac{\square-\square}{6}=\frac{\square}{6}$

❼ $\frac{6}{9}-\frac{4}{9}=\frac{\square-\square}{9}=\frac{\square}{9}$

❽ $\frac{10}{11}-\frac{5}{11}=\frac{\square-\square}{11}=\frac{\square}{11}$

❾ $\frac{13}{15}-\frac{8}{15}=\frac{\square-\square}{15}=\frac{\square}{15}$

$5-2=3 \rightarrow \frac{5}{■}-\frac{2}{■}=\frac{3}{■}$

⑩ $\frac{5}{6}-\frac{2}{6}=\frac{\square-\square}{6}=\frac{\square}{6}$

⑪ $\frac{8}{10}-\frac{2}{10}=\frac{\square-\square}{10}=\frac{\square}{10}$

⑫ $\frac{15}{17}-\frac{6}{17}=\frac{\square-\square}{17}=\frac{\square}{17}$

⑬ $\frac{11}{13}-\frac{5}{13}=\frac{\square-\square}{13}=\frac{\square}{13}$

⑭ $\frac{15}{22}-\frac{5}{22}=\frac{\square-\square}{22}=\frac{\square}{22}$

⑮ $\frac{17}{19}-\frac{5}{19}=\frac{\square-\square}{19}=\frac{\square}{19}$

⑯ $\frac{10}{14}-\frac{6}{14}=\frac{\square-\square}{14}=\frac{\square}{14}$

⑰ $\frac{8}{9}-\frac{5}{9}=\frac{\square-\square}{9}=\frac{\square}{9}$

⑱ $\frac{18}{25}-\frac{15}{25}=\frac{\square-\square}{25}=\frac{\square}{25}$

공부 끝!

맞힌 개수

/18개

부모님 확인

오늘의 숫자 **75**에 색칠하세요.

월 일 /10 분

Day 15

왜 분모는 그대로 두고 분자끼리만 빼는지 생각하며 계산해 봐.

❶ $\frac{3}{5}-\frac{2}{5}$

전체를 똑같이 5로 나눈 것 중의 3에서 2를 빼는 거야.

❷ $\frac{8}{11}-\frac{7}{11}$

❸ $\frac{7}{16}-\frac{3}{16}$

❹ $\frac{5}{6}-\frac{3}{6}$

❺ $\frac{5}{7}-\frac{3}{7}$

❻ $\frac{7}{8}-\frac{2}{8}$

❼ $\frac{8}{9}-\frac{1}{9}$

❽ $\frac{11}{15}-\frac{4}{15}$

❾ $\frac{9}{10}-\frac{3}{10}$

❿ $\frac{7}{12}-\frac{5}{12}$

⓫ $\frac{10}{13}-\frac{5}{13}$

⓬ $\frac{11}{14}-\frac{5}{14}$

⓭ $\frac{3}{4}-\frac{1}{4}$

⓮ $\frac{19}{20}-\frac{15}{20}$

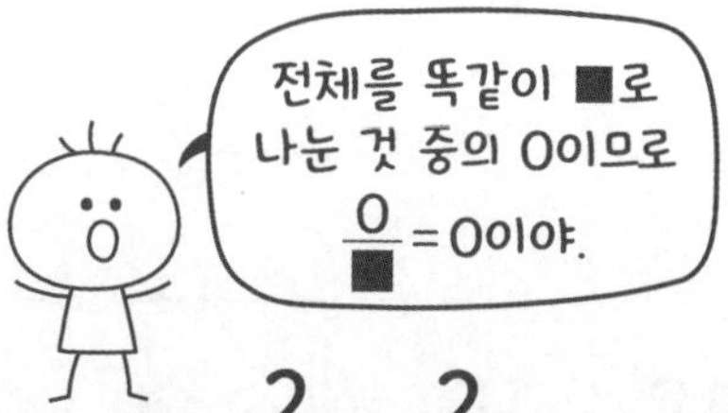

⓯ $\frac{2}{3}-\frac{2}{3}$

⑯ $\frac{7}{10}-\frac{6}{10}$

⑰ $\frac{5}{9}-\frac{4}{9}$

⑱ $\frac{7}{16}-\frac{2}{16}$

⑲ $\frac{5}{7}-\frac{2}{7}$

⑳ $\frac{9}{11}-\frac{5}{11}$

㉑ $\frac{7}{8}-\frac{7}{8}$

$\frac{7-7}{8}=\frac{0}{8}=0$

㉒ $\frac{14}{20}-\frac{7}{20}$

㉓ $\frac{15}{17}-\frac{7}{17}$

㉔ $\frac{18}{21}-\frac{11}{21}$

㉕ $\frac{9}{15}-\frac{2}{15}$

㉖ $\frac{4}{5}-\frac{3}{5}$

㉗ $\frac{11}{12}-\frac{3}{12}$

㉘ $\frac{12}{14}-\frac{7}{14}$

㉙ $\frac{15}{19}-\frac{8}{19}$

㉚ $\frac{4}{6}-\frac{3}{6}$

공부 끝!

맞힌 개수 /30개

부모님 확인

오늘의 숫자 **71**에 색칠하세요.

Day 16

분모는 그대로! 분자끼리만 빼기!

❶ $\frac{13}{14} - \frac{10}{14}$

❷ $\frac{19}{23} - \frac{10}{23}$

❸ $\frac{4}{5} - \frac{3}{5}$

❹ $\frac{4}{10} - \frac{3}{10}$

❺ $\frac{15}{17} - \frac{15}{17}$

❻ $\frac{7}{8} - \frac{2}{8}$

❼ $\frac{9}{12} - \frac{4}{12}$

❽ $\frac{12}{13} - \frac{7}{13}$

❾ $\frac{5}{6} - \frac{2}{6}$

❿ $\frac{18}{21} - \frac{15}{21}$

⓫ $\frac{18}{19} - \frac{15}{19}$

⓬ $\frac{7}{9} - \frac{5}{9}$

⓭ $\frac{17}{18} - \frac{9}{18}$

⓮ $\frac{9}{11} - \frac{2}{11}$

⓯ $\frac{8}{15} - \frac{3}{15}$

⑯ $\frac{5}{7} - \frac{5}{7}$

⑰ $\frac{18}{23} - \frac{12}{23}$

⑱ $\frac{6}{10} - \frac{5}{10}$

⑲ $\frac{15}{16} - \frac{9}{16}$

⑳ $\frac{10}{11} - \frac{5}{11}$

㉑ $\frac{9}{14} - \frac{7}{14}$

㉒ $\frac{19}{20} - \frac{16}{20}$

㉓ $\frac{3}{4} - \frac{1}{4}$

㉔ $\frac{11}{12} - \frac{9}{12}$

㉕ $\frac{15}{22} - \frac{15}{22}$

㉖ $\frac{21}{27} - \frac{13}{27}$

㉗ $\frac{18}{19} - \frac{4}{19}$

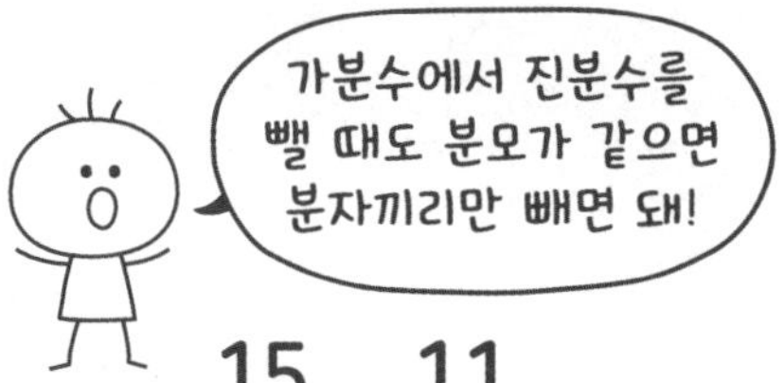

㉘ $\frac{15}{9} - \frac{11}{9}$

㉙ $\frac{15}{15} - \frac{11}{15}$

㉚ $\frac{35}{25} - \frac{20}{25}$

공부 끝!

맞힌 개수 /30개

부모님 확인

오늘의 숫자 **7**에 색칠하세요.

연산 놀이터

부모님 확인

$\frac{11}{12}$에서 시작하여 만나는 분수와 뺄셈을 하여 미로를 빠져나가려고 해.
길을 따라가면서 도착했을 때, 얼마가 될까?

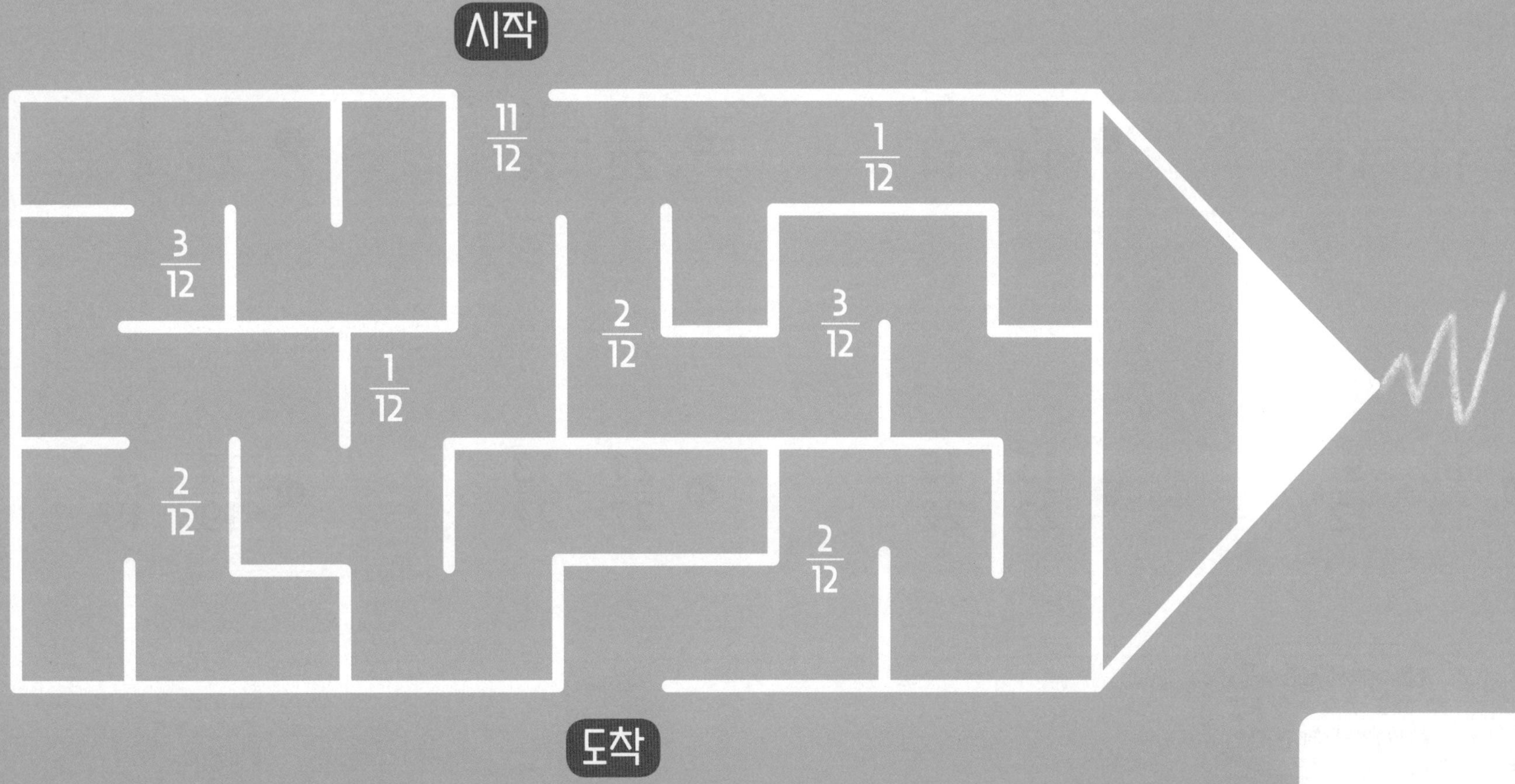

05

받아내림이 없는 대분수의 뺄셈

이번에는 무엇을 배울까?

진분수의 뺄셈

받아내림이 없는 대분수의 뺄셈

(자연수) - (분수)

이렇게 지도해요!

❶ 먼저 설명해 주세요.

받아내림이 없는 대분수의 뺄셈을 그림과 말로 풀어 내었습니다. 아이와 함께 따라 읽어 보면서 대분수의 뺄셈은 자연수는 자연수끼리, 분수는 분수끼리의 뺄셈과 같음을 이해합니다.

❷ 수를 이해하며 계산해요.

설명과 이어지는 그림을 이용하여 Day17에서 재미있게 문제를 풉니다.

❸ 충분히 연습해요.

Day18~Day20의 문제 풀이를 통해 분모가 같은 대분수의 뺄셈을 충분히 연습하고 (자연수)-(분수)의 계산을 대비합니다.

스스로 계획을 세워요!

	공부할 날짜	목표 시간	복습할 날짜
Day 17/48	월/일	분/10개	월/일
Day 18/48	월/일	분/13개	월/일
Day 19/48	월/일	분/28개	월/일
Day 20/48	월/일	분/28개	월/일

선생님의 칠판

$2\frac{3}{4}-1\frac{1}{4}=1\frac{2}{4}$

(대분수)-(대분수)를 할 때에는 자연수는 자연수끼리, 분수는 분수끼리 빼.

Day 17

빼는 분수만큼 ×표로 지우고
남은 부분을 분수로 나타내 봐.

❶ 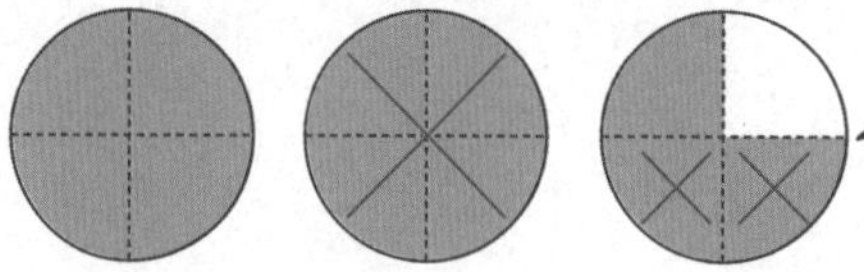

1과 $\frac{2}{4}$만큼 ×표로 지우면

$2\frac{3}{4} - 1\frac{2}{4} = \square\frac{\square}{4}$

남은 부분은 전체의 몇 분의 몇일까?

❷ 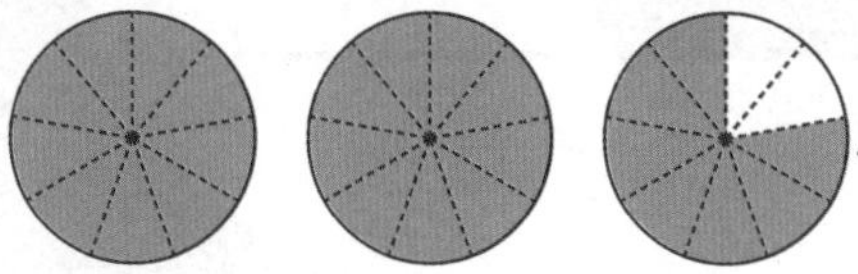

빼는 분수만큼 색칠한 부분을 ×표로 지워 봐.

$2\frac{7}{9} - 1\frac{2}{9} = \square\frac{\square}{9}$

❸ 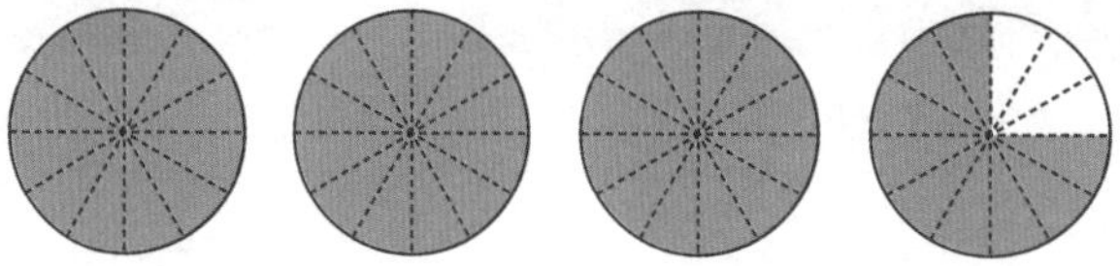

$3\frac{9}{12} - 1\frac{6}{12} = \square\frac{\square}{12}$

❹ 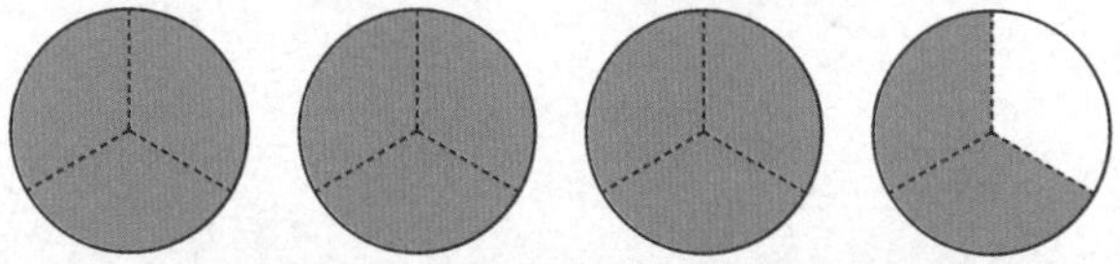

$3\frac{2}{3} - 1\frac{1}{3} = \square\frac{\square}{3}$

❺ 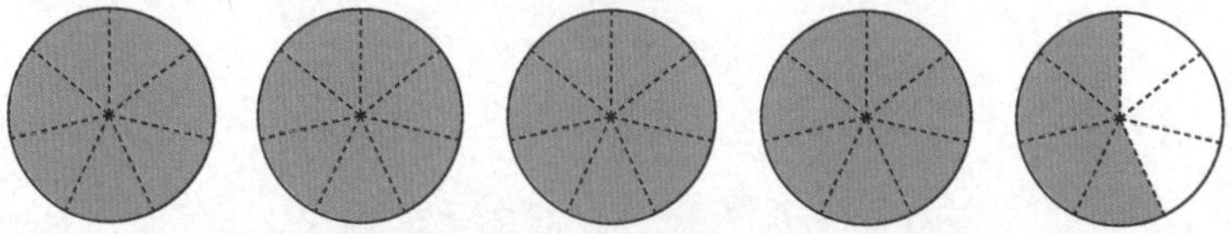

$4\frac{4}{7} - 2\frac{3}{7} = \square\frac{\square}{7}$

❻ 

$2\frac{3}{5} - 1\frac{1}{5} = \square\frac{\square}{5}$

❼ 

$4\frac{6}{10} - 3\frac{5}{10} = \square\frac{\square}{10}$

❽ 

$2\frac{4}{6} - 1\frac{1}{6} = \square\frac{\square}{6}$

❾ 

$2\frac{11}{12} - 1\frac{9}{12} = \square\frac{\square}{12}$

❿ 

$4\frac{7}{8} - 3\frac{4}{8} = \square\frac{\square}{8}$

공부 끝!

맞힌 개수

/10개

부모님 확인

오늘의 숫자 **3**에 색칠하세요.

Day 18

자연수끼리 빼고, 분수끼리 빼서 더하면 돼!

② 분수끼리 뺀 다음

$$4\frac{4}{5}-1\frac{3}{5}=(4-1)+\left(\frac{4}{5}-\frac{3}{5}\right)$$

① 자연수끼리 빼고

$$=3+\frac{1}{5}=3\frac{1}{5}$$

③ 자연수와 분수를 더해.

왜냐하면 대분수는 자연수와 진분수의 합으로 이루어진 분수니까~.

❶ $4\frac{3}{4}-3\frac{1}{4}=(4-3)+\left(\frac{\square}{4}-\frac{\square}{4}\right)$

$=\square+\frac{\square}{4}=$ ______

❷ $3\frac{10}{11}-1\frac{4}{11}$

= ______

❸ $5\frac{5}{7}-2\frac{4}{7}$

= ______

❹ $5\frac{13}{15}-2\frac{9}{15}$

= ______

❺ $7\frac{7}{9}-5\frac{3}{9}$

= ______

❻ $6\frac{15}{18}-4\frac{8}{18}$

= ______

❼ $4\frac{4}{5} - 2\frac{3}{5}$

=

❽ $5\frac{11}{12} - 1\frac{8}{12}$

=

❾ $7\frac{5}{7} - 4\frac{2}{7}$

=

❿ $3\frac{7}{8} - 2\frac{5}{8}$

=

⓫ $7\frac{9}{11} - 1\frac{4}{11}$

=

⓬ $5\frac{3}{9} - 2\frac{1}{9}$

=

⓭ $6\frac{22}{23} - 4\frac{18}{23}$

=

공부 끝!

맞힌 개수

/13개

부모님 확인

오늘의 숫자 **14**에 색칠하세요.

Day 19

❶ $3\frac{12}{14} - 2\frac{5}{14}$

❷ $3\frac{3}{4} - 1\frac{1}{4}$

대분수를 자연수와 진분수로 나누어 빼면 돼!

❸ $8\frac{7}{10} - 2\frac{3}{10}$

❹ $7\frac{5}{7} - 3\frac{2}{7}$

❺ $4\frac{10}{13} - 1\frac{6}{13}$

❻ $3\frac{4}{5} - 1\frac{2}{5}$

❼ $8\frac{2}{6} - 2\frac{1}{6}$

❽ $6\frac{18}{20} - 2\frac{9}{20}$

❾ $5\frac{5}{15} - 2\frac{1}{15}$

❿ $6\frac{7}{9} - 3\frac{3}{9}$

⓫ $9\frac{15}{21} - 4\frac{8}{21}$

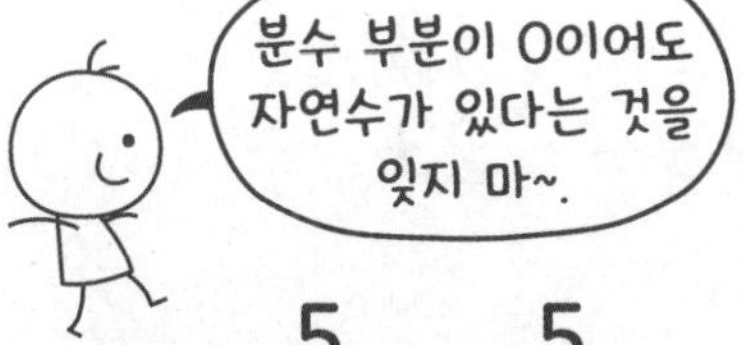

⓬ $5\frac{4}{17} - 2\frac{2}{17}$

⓭ $3\frac{20}{31} - 1\frac{13}{31}$

⓮ $8\frac{5}{8} - 1\frac{5}{8}$

⑮ $4\frac{3}{4}-2\frac{1}{4}$

⑯ $5\frac{7}{13}-2\frac{1}{13}$

⑰ $6\frac{8}{9}-3\frac{7}{9}$

⑱ $7\frac{6}{10}-5\frac{2}{10}$

⑲ $6\frac{6}{7}-4\frac{4}{7}$

⑳ $2\frac{8}{23}-1\frac{4}{23}$

㉑ $3\frac{12}{14}-3\frac{8}{14}$

㉒ $4\frac{5}{6}-3\frac{3}{6}$

㉓ $7\frac{9}{19}-2\frac{7}{19}$

㉔ $3\frac{2}{3}-1\frac{1}{3}$

㉕ $3\frac{5}{14}-3\frac{5}{14}$

㉖ $9\frac{11}{18}-2\frac{7}{18}$

㉗ $5\frac{13}{16}-2\frac{2}{16}$

㉘ $5\frac{7}{8}-2\frac{4}{8}$

공부 끝!

맞힌 개수

/28개

부모님 확인

오늘의 숫자 **41**에 색칠하세요.

Day 20

자연수끼리, 분수끼리 뺀 다음 두 수를 더해야 해.

❶ $4\frac{5}{7}-3\frac{1}{7}$

❷ $2\frac{7}{12}-1\frac{3}{12}$

❸ $4\frac{21}{25}-1\frac{8}{25}$

❹ $3\frac{5}{6}-2\frac{2}{6}$

❺ $5\frac{3}{4}-3\frac{2}{4}$

❻ $5\frac{9}{13}-2\frac{2}{13}$

❼ $3\frac{6}{14}-1\frac{5}{14}$

❽ $9\frac{5}{8}-5\frac{3}{8}$

❾ $5\frac{5}{10}-4\frac{1}{10}$

❿ $7\frac{9}{11}-5\frac{4}{11}$

⓫ $7\frac{4}{9}-2\frac{2}{9}$

⓬ $6\frac{15}{17}-3\frac{9}{17}$

⓭ $8\frac{14}{15}-5\frac{10}{15}$

⓮ $3\frac{2}{3}-2\frac{2}{3}$

⑮ $5\frac{5}{6}-1\frac{3}{6}$

⑯ $8\frac{9}{10}-5\frac{7}{10}$

⑰ $3\frac{5}{8}-1\frac{3}{8}$

⑱ $8\frac{7}{15}-5\frac{2}{15}$

⑲ $7\frac{8}{11}-6\frac{5}{11}$

⑳ $3\frac{6}{7}-1\frac{5}{7}$

㉑ $3\frac{7}{14}-3\frac{5}{14}$

㉒ $3\frac{2}{3}-1\frac{1}{3}$

㉓ $7\frac{10}{13}-6\frac{3}{13}$

㉔ $6\frac{4}{5}-3\frac{1}{5}$

㉕ $5\frac{11}{12}-4\frac{7}{12}$

㉖ $6\frac{3}{4}-1\frac{2}{4}$

㉗ $5\frac{15}{20}-5\frac{15}{20}$

㉘ $6\frac{8}{9}-1\frac{3}{9}$

공부 끝!

맞힌 개수

/28개

부모님 확인

오늘의 숫자 27에 색칠하세요.

연산 놀이터

부모님 확인

고양이가 꽃길을 걸을 때마다 꽃에 쓰인 만큼 분수가 작아져.
꽃길을 빠져나왔을 때 분수를 써 봐.

06

(자연수) - (분수)

이번에는 무엇을 배울까?

받아내림이 없는 대분수의 뺄셈

(자연수) - (분수)

받아내림이 있는 대분수의 뺄셈

이렇게 지도해요!

❶ 먼저 설명해 주세요.

(자연수)-(분수)를 그림과 말로 풀어내었습니다. 아이와 함께 따라 읽어 보면서 자연수에서 1만큼을 분수로 바꾸고 자연수는 자연수끼리, 분수는 분수끼리 빼는 계산을 생각해 봅니다.

❷ 수를 이해하며 계산해요.

설명과 이어지는 그림을 이용하여 Day21에서 재미있게 문제를 풉니다.

❸ 충분히 연습해요.

Day22~Day24의 문제 풀이를 통해 (자연수)-(분수)의 계산을 충분히 연습하고 받아내림이 있는 대분수의 뺄셈을 대비합니다.

스스로 계획을 세워요!

	공부할 날짜	목표 시간	복습할 날짜
Day 21 (48)	월 / 일	분 / 9개	월 / 일
Day 22 (48)	월 / 일	분 / 14개	월 / 일
Day 23 (48)	월 / 일	분 / 30개	월 / 일
Day 24 (48)	월 / 일	분 / 30개	월 / 일

선생님의 칠판

자연수 1에서 $\frac{1}{3}$은 어떻게 뺄까?

1은 $\frac{3}{3}$으로 나타낼 수 있으니까

$1-\frac{1}{3}$은 $\frac{3}{3}-\frac{1}{3}$과 같아.

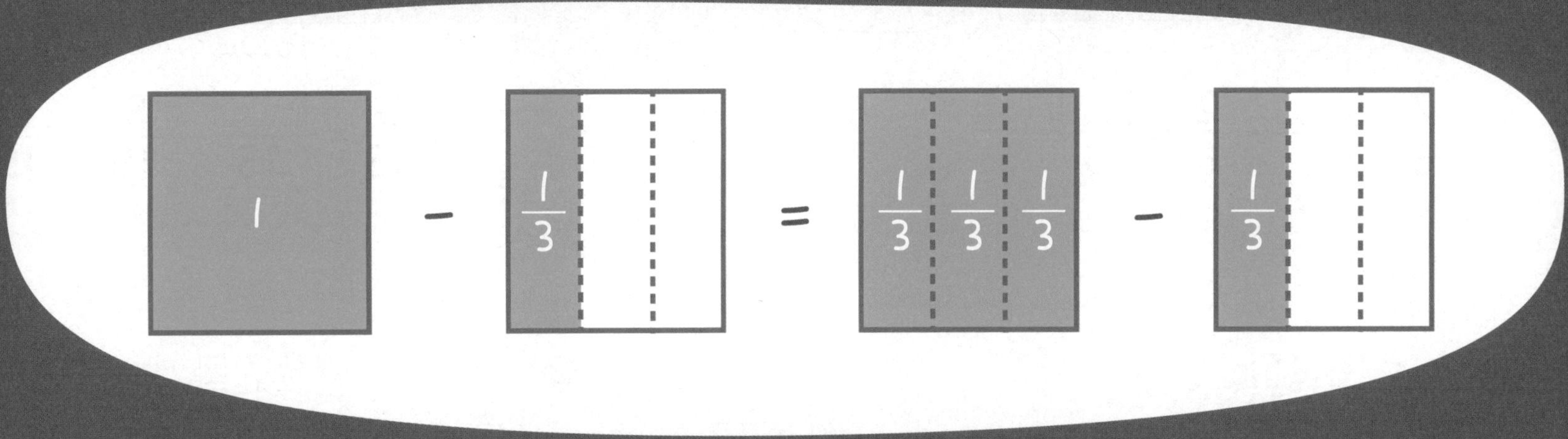

(자연수)-(분수)는 자연수를 가분수로 만들어 계산해.

Day 21

1을 가분수로 만들어 분수끼리 빼 봐.

❶

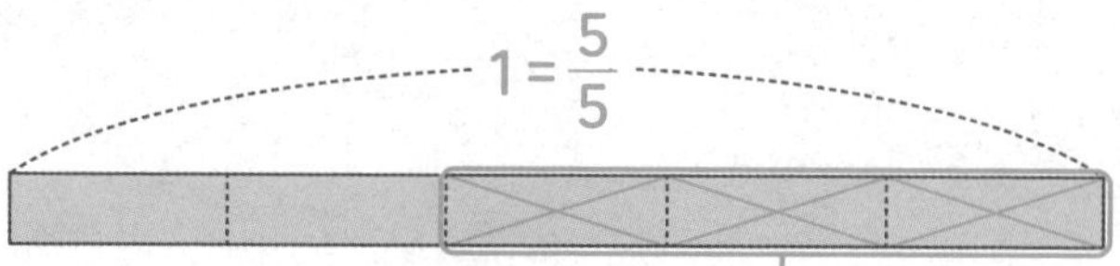

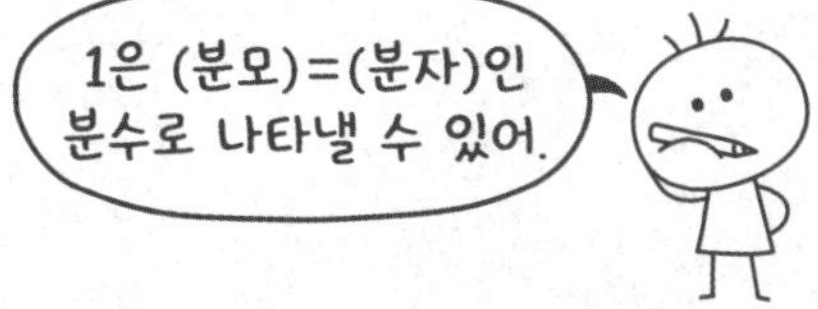

$$1 - \frac{3}{5} = \frac{5}{5} - \frac{3}{5} = \frac{\square}{5}$$

❷

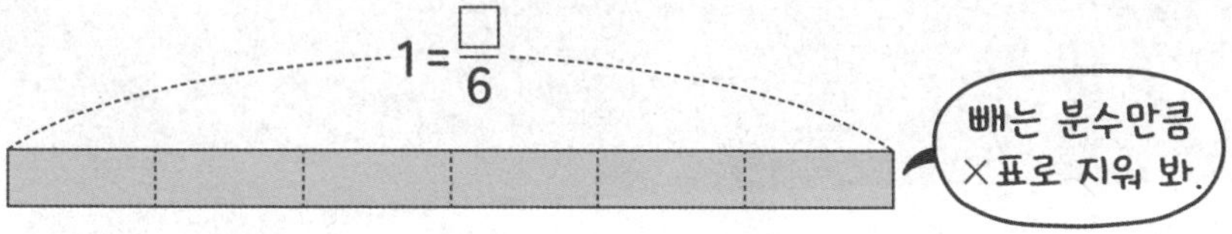

$$1 - \frac{2}{6} = \frac{\square}{6} - \frac{2}{6} = \frac{\square}{6}$$

❸

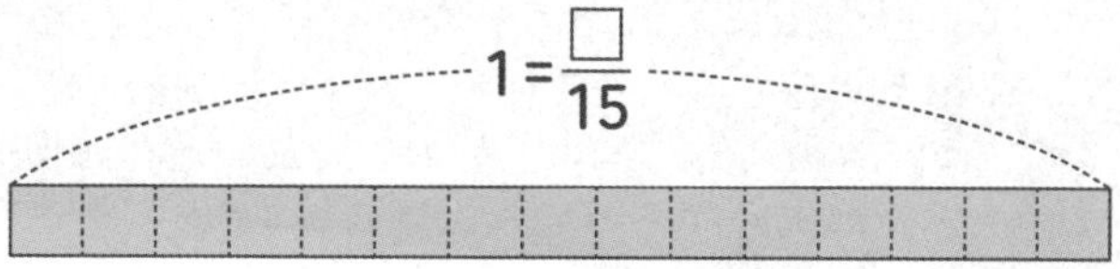

$$1 - \frac{9}{15} = \frac{\square}{15} - \frac{9}{15} = \frac{\square}{15}$$

❹

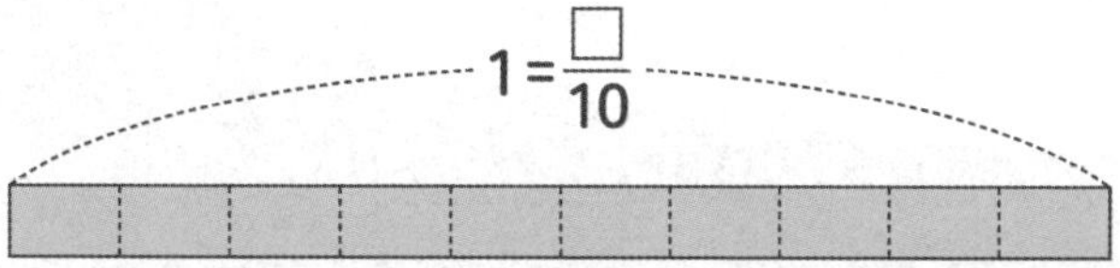

$$1 - \frac{7}{10} = \frac{\square}{10} - \frac{7}{10} = \frac{\square}{10}$$

❺

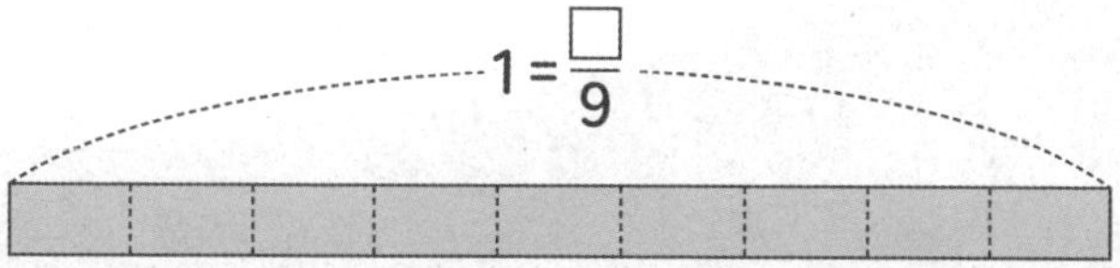

$$1 - \frac{5}{9} = \frac{\square}{9} - \frac{5}{9} = \frac{\square}{9}$$

자연수에서 1만큼을 가분수로 나타내고, 빼는 수만큼 ×표로 지워서 남은 부분을 분수로 나타내.

❻ 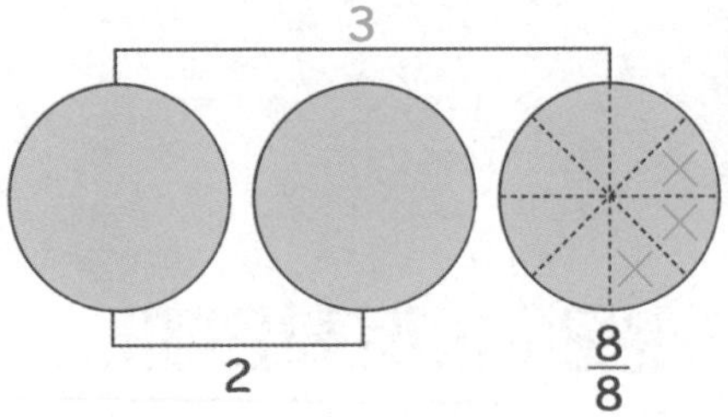

$$3-\frac{3}{8}=2\frac{8}{8}-\frac{3}{8}=\square\frac{\square}{8}$$

❼ 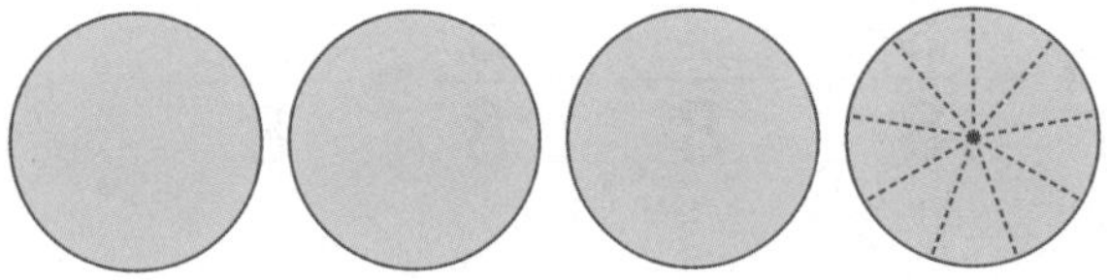

$$4-\frac{4}{9}=3\frac{\square}{9}-\frac{4}{9}=\square\frac{\square}{9}$$

❽ 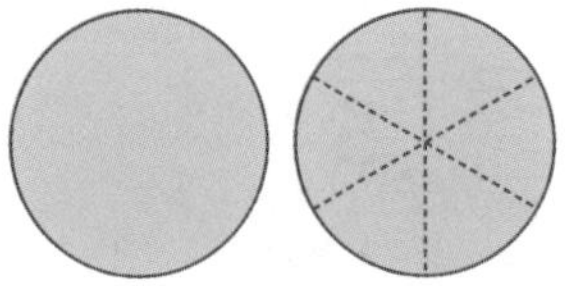

$$2-\frac{2}{6}=1\frac{\square}{6}-\frac{2}{6}=\square\frac{\square}{6}$$

❾ 

$$5-3\frac{5}{7}=4\frac{\square}{7}-3\frac{5}{7}=\square\frac{\square}{7}$$

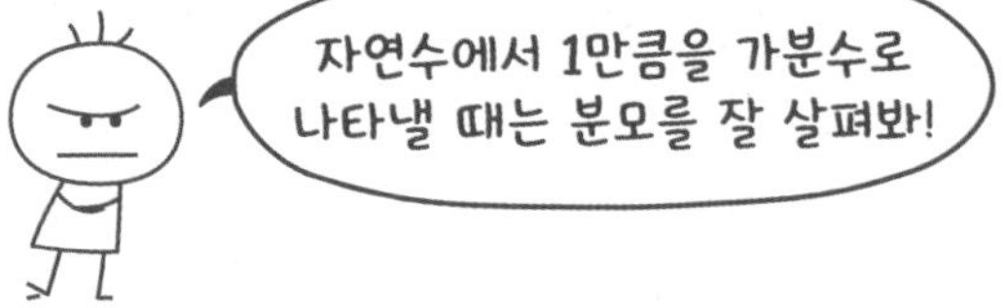

오늘의 숫자 **28**에 색칠하세요.

Day 22

빼는 분수의 분모를 먼저 확인해.
그리고 그 분모를 이용해서
1을 가분수로 만들어 봐.

❶ $1-\frac{2}{6}=\frac{\square}{6}-\frac{2}{6}=\frac{\square}{6}$

❶ 1을 분모가 6인 분수로 나타내기

❷ 분자끼리 빼기

❷ $1-\frac{2}{5}=\frac{\square}{5}-\frac{2}{5}=\frac{\square}{5}$

❸ $1-\frac{5}{8}=\frac{\square}{8}-\frac{5}{8}=\frac{\square}{8}$

❹ $1-\frac{5}{15}=\frac{\square}{15}-\frac{5}{15}=\frac{\square}{15}$

❺ $1-\frac{4}{9}=\frac{\square}{9}-\frac{4}{9}=\frac{\square}{9}$

❻ $1-\frac{8}{12}=\frac{\square}{12}-\frac{8}{12}=\frac{\square}{12}$

❼ $1-\frac{5}{7}=\frac{\square}{7}-\frac{5}{7}=\frac{\square}{7}$

자연수에서 1만큼만 분수로 바꾸고
자연수는 자연수끼리,
분수는 분수끼리 빼!

❽ $3 - \frac{5}{6} = 2\frac{\square}{6} - \frac{5}{6} = \square\frac{\square}{6}$

(3 → 2, 1) 1만큼을 가분수로 나타내.

❾ $2 - \frac{3}{5} = 1\frac{\square}{5} - \frac{3}{5} = \square\frac{\square}{5}$

❿ $4 - \frac{2}{10} = 3\frac{\square}{10} - \frac{2}{10} = \square\frac{\square}{10}$

⓫ $2 - \frac{3}{4} = 1\frac{\square}{4} - \frac{3}{4} = \square\frac{\square}{4}$

⓬ $5 - \frac{8}{11} = 4\frac{\square}{11} - \frac{8}{11} = \square\frac{\square}{11}$

⓭ $5 - 1\frac{13}{15} = 4\frac{\square}{15} - 1\frac{13}{15} = \square\frac{\square}{15}$

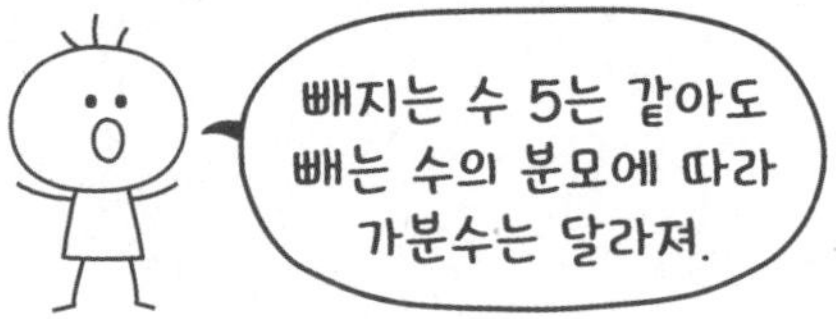

⓮ $7 - 4\frac{8}{19} = 6\frac{\square}{19} - 4\frac{8}{19} = \square\frac{\square}{19}$

공부 끝!

맞힌 개수 /14개

부모님 확인

오늘의 숫자 **24**에 색칠하세요.

Day 23

빼는 분수의 분모를 이용해서 1을 분수로 만들어.

❶ $1-\frac{1}{5}$

빼는 분수의 분모가 5니까, 1을 몇 분의 몇으로 바꿔야 할까?

❷ $1-\frac{5}{12}$

❸ $1-\frac{3}{4}$

❹ $1-\frac{1}{6}$

❺ $1-\frac{3}{16}$

❻ $1-\frac{4}{13}$

❼ $1-\frac{4}{9}$

❽ $1-\frac{5}{8}$

❾ $1-\frac{4}{17}$

❿ $1-\frac{4}{15}$

⓫ $1-\frac{6}{7}$

⓬ $1-\frac{2}{11}$

⓭ $1-\frac{16}{20}$

⓮ $1-\frac{9}{10}$

⓯ $1-\frac{11}{24}$

⑯ $6 - \frac{1}{5}$

⑰ $3 - \frac{5}{8}$

⑱ $6 - 4\frac{12}{17}$

⑲ $4 - \frac{4}{7}$

⑳ $10 - \frac{13}{16}$

㉑ $5 - \frac{8}{9}$

㉒ $4 - \frac{1}{24}$

㉓ $7 - 3\frac{1}{3}$

㉔ $3 - \frac{7}{10}$

㉕ $6 - 2\frac{1}{4}$

㉖ $12 - \frac{17}{19}$

㉗ $13 - 9\frac{17}{20}$

㉘ $9 - \frac{15}{26}$

㉙ $8 - \frac{2}{15}$

㉚ $5 - 4\frac{9}{14}$

공부 끝!

맞힌 개수

/30개

부모님 확인

오늘의 숫자 **11**에 색칠하세요.

Day 24

**자연수에서
1만큼만 분수로 바꾸면
자연수 부분은 1 작아져.**

❶ $2-\frac{1}{4}$

❷ $5-\frac{5}{8}$

❸ $3-1\frac{4}{5}$

❹ $3-1\frac{1}{6}$

❺ $6-\frac{7}{10}$

❻ $7-\frac{13}{24}$

❼ $9-\frac{7}{12}$

❽ $9-4\frac{7}{18}$

❾ $8-5\frac{14}{17}$

❿ $8-6\frac{1}{2}$

⓫ $4-\frac{3}{7}$

⓬ $7-4\frac{5}{11}$

⓭ $2-\frac{12}{16}$

⓮ $13-9\frac{17}{20}$

⓯ $9-4\frac{14}{19}$

⑯ $5 - \frac{2}{3}$

⑰ $6 - \frac{8}{17}$

⑱ $3 - \frac{3}{21}$

⑲ $8 - 3\frac{7}{13}$

⑳ $5 - 2\frac{9}{20}$

㉑ $7 - \frac{6}{8}$

㉒ $5 - 2\frac{5}{12}$

㉓ $4 - \frac{5}{9}$

㉔ $3 - 2\frac{4}{10}$

㉕ $6 - \frac{5}{7}$

㉖ $7 - 2\frac{2}{5}$

㉗ $3 - \frac{2}{6}$

㉘ $11 - 4\frac{13}{15}$

㉙ $6 - \frac{7}{11}$

㉚ $6 - \frac{17}{32}$

공부 끝!

맞힌 개수 /30개

부모님 확인

오늘의 숫자 **84**에 색칠하세요.

연산 놀이터

곰과 토끼가 주사위를 사용하여 계산 결과가 더 큰 수 만들기를 했어.
토끼가 이기려면 어떤 눈을 넣어야 하는지 모두 찾아 직접 그려 봐.

부모님 확인

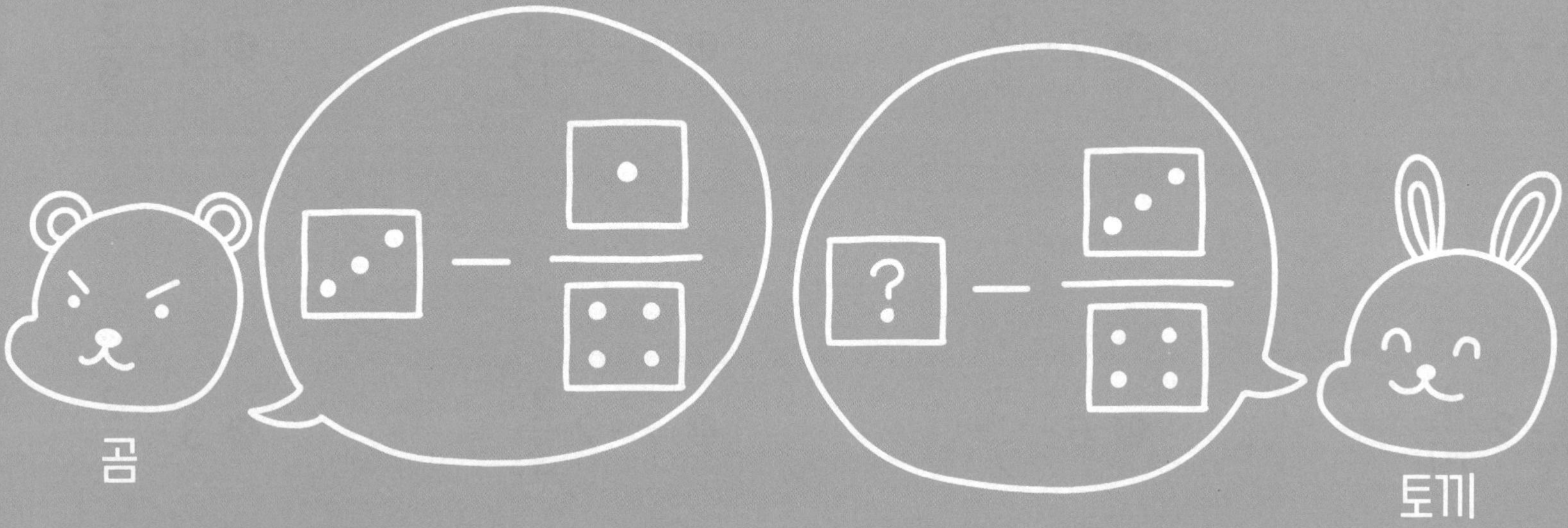

□, □, □

07

받아내림이 있는 대분수의 뺄셈

이번에는 무엇을 배울까?

(자연수) - (분수) | 받아내림이 있는 대분수의 뺄셈 | 자릿수가 같은 소수의 덧셈

이렇게 지도해요!

스스로 계획을 세워요!

❶ 먼저 설명해 주세요.

받아내림이 있는 대분수의 뺄셈을 그림과 말로 풀어 내었습니다. 분수 부분끼리 뺄 수 없으므로 자연수 부분에서 1을 받아내림해서 계산하거나 대분수를 가분수로 나타내어 계산하는 것을 생각해 봅니다.

❷ 수를 이해하며 계산해요.

설명과 이어지는 그림을 이용하여 Day25에서 재미있게 문제를 풉니다.

❸ 충분히 연습해요.

Day26 ~ Day28의 문제 풀이를 통해 받아내림이 있는 대분수의 뺄셈을 충분히 연습하고 자릿수가 같은 소수의 덧셈을 대비합니다.

	공부할 날짜	목표 시간	복습할 날짜
Day 25 (48)	월 / 일	분 / 5개	월 / 일
Day 26 (48)	월 / 일	분 / 9개	월 / 일
Day 27 (48)	월 / 일	분 / 14개	월 / 일
Day 28 (48)	월 / 일	분 / 28개	월 / 일

선생님의 칠판

$3\frac{2}{6}=2\frac{8}{6}$

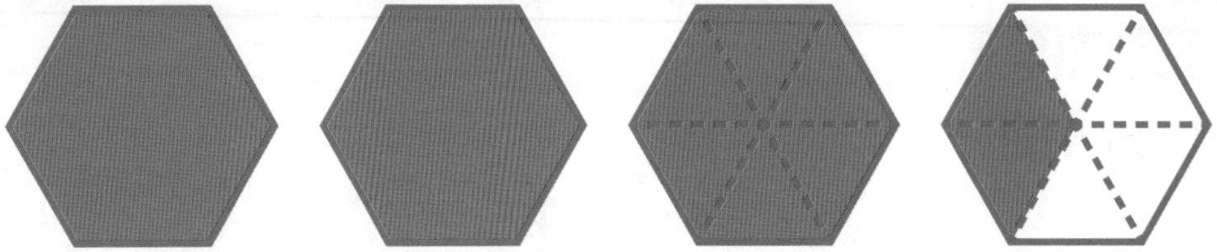

$2\frac{8}{6}-1\frac{5}{6}$

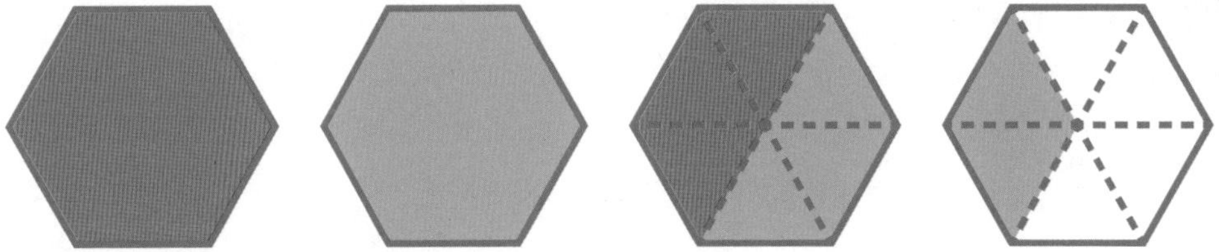

$=1\frac{3}{6}$

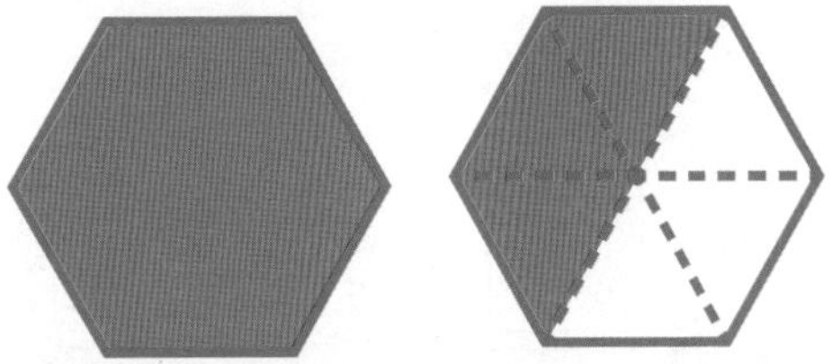

분수끼리 뺄 수 없을 때는

자연수 1을 분수로 바꿔서 계산해.

Day 25

1만큼을 가분수로 바꾸어 빼는 분수만큼 ×표로 지우고 남은 부분을 분수로 나타내 봐.

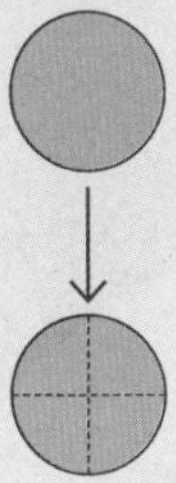

자연수 1을 4로 나누면 $\frac{4}{4}$가 돼.

❶

$4\frac{2}{4} = 3\frac{6}{4}$

$4\frac{2}{4} - 1\frac{3}{4} = \square$

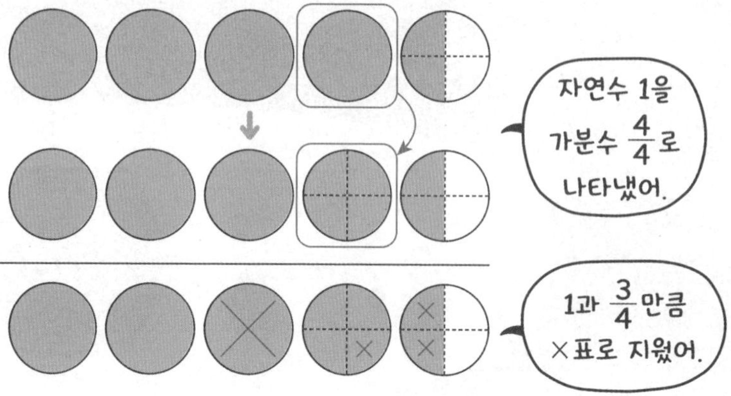

❷

$6\frac{5}{8} = 5\frac{\square}{8}$

$6\frac{5}{8} - 2\frac{7}{8} = \square$

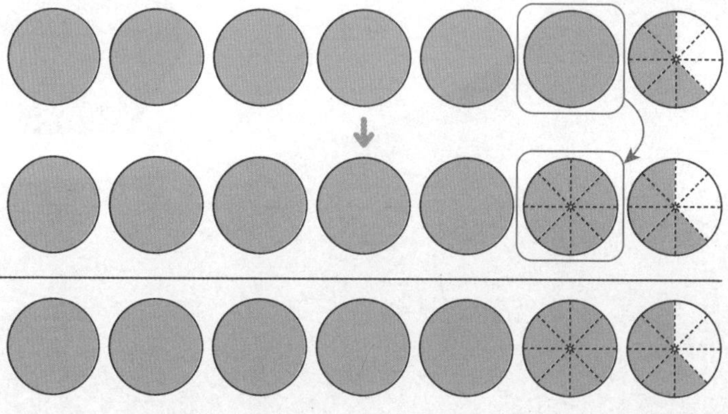

❸

$5\frac{2}{7} = 4\frac{9}{7}$

$\boxed{4\frac{9}{7}} - 1\frac{5}{7} = \square$

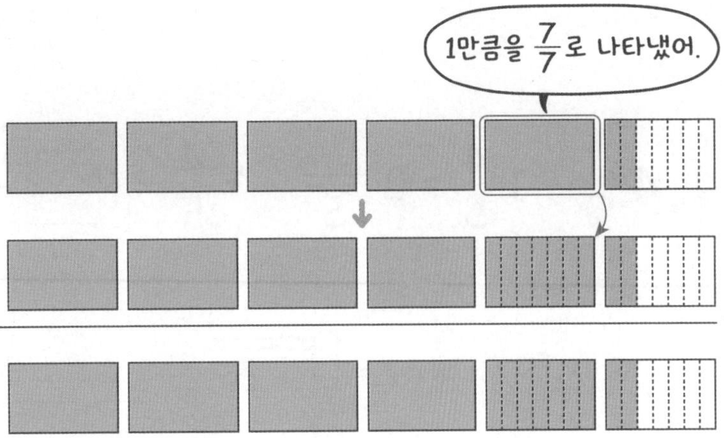

❹

$4\frac{5}{12} = 3\frac{17}{12}$

$\square - 2\frac{11}{12} = \square$

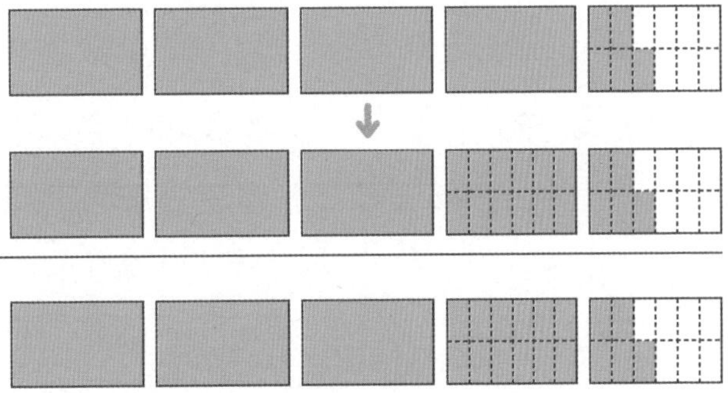

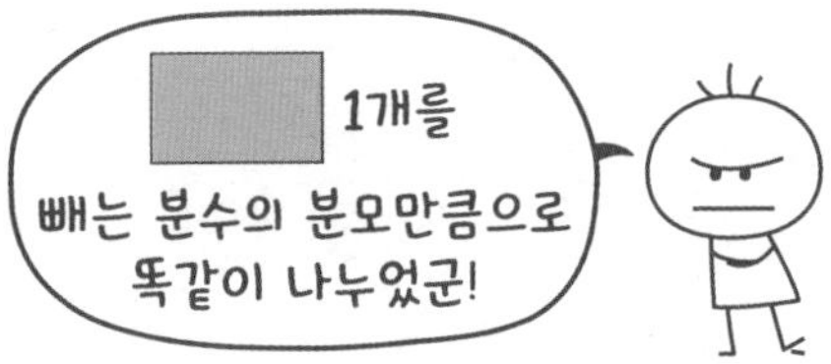

❺

$3\frac{1}{6} = 2\frac{7}{6}$

$\square - 1\frac{3}{6} = \square$

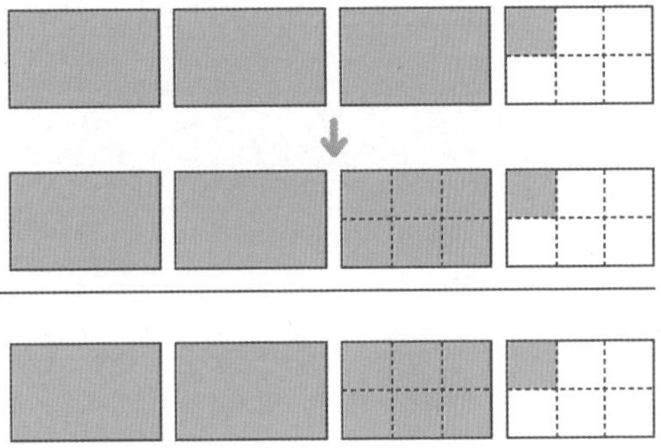

공부 끝!

맞힌 개수 /5개

부모님 확인

오늘의 숫자 **65**에 색칠하세요.

Day 26

빼지는 수의 자연수에서 1만큼을 분수로 나타내어 자연수끼리 빼고, 분수끼리 빼 봐.

자연수에서 1만큼을 가분수로 나타내기

$$3\frac{2}{6} - 1\frac{5}{6} = 2\frac{8}{6} - 1\frac{5}{6}$$

(3 → 2, 1)

$$= (2 - 1) + \left(\frac{8}{6} - \frac{5}{6}\right)$$

$$= 1 + \frac{3}{6} = 1\frac{3}{6}$$

❶ $4\frac{1}{5} - 1\frac{4}{5} = 3\frac{\square}{5} - 1\frac{4}{5} = (\square - \square) + \left(\frac{\square}{5} - \frac{\square}{5}\right)$

$= \square + \frac{\square}{5} = $ ______

❷ $6\frac{3}{7} - 4\frac{5}{7} = $ ______

❸ $4\frac{4}{12} - 2\frac{11}{12} = $ ______

❹ $5\frac{4}{9} - 3\frac{6}{9} = $ ______

❺ $7\frac{3}{14} - 4\frac{11}{14} =$ ____________________

❻ $3\frac{5}{8} - 1\frac{7}{8} =$ ____________________

❼ $4\frac{12}{15} - 2\frac{14}{15} =$ ____________________

❽ $6\frac{3}{6} - 2\frac{5}{6} =$ ____________________

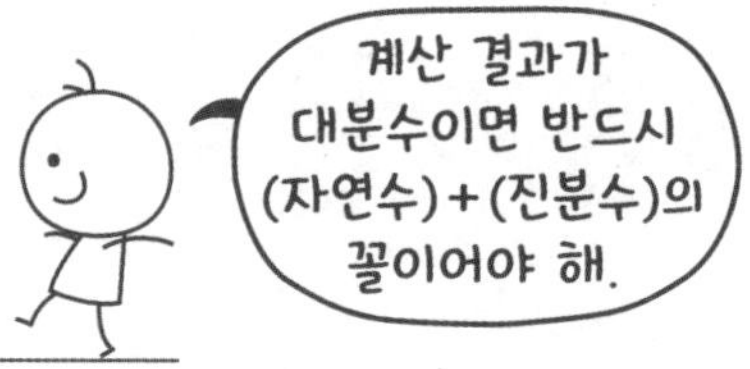

❾ $10\frac{8}{17} - 5\frac{12}{17} =$ ____________________

공부 끝!

맞힌 개수 /9개

부모님 확인

오늘의 숫자 **49**에 색칠하세요.

월 일 /10 분

Day 27

대분수를 가분수로 바꾸어 빼는 방법도 있어.

(3×7+4)/7, (1×7+6)/7

❶ $3\frac{4}{7} - 1\frac{6}{7} = \frac{\square}{7} - \frac{\square}{7} = \frac{\square}{7} = $ ______

대분수로 나타내 봐.

❷ $4\frac{1}{4} - 2\frac{3}{4} = $ ______

❸ $3\frac{4}{10} - 1\frac{6}{10} = $ ______

❹ $5\frac{3}{14} - 2\frac{12}{14} = $ ______

❺ $6\frac{1}{6} - 2\frac{5}{6} = $ ______

❻ $4\frac{5}{8} - 2\frac{7}{8} = $ ______

❼ $7\frac{1}{3} - 2\frac{2}{3} = $ ______

❽ $3\frac{4}{11} - 1\frac{9}{11} =$ ______________________

❾ $4\frac{3}{5} - 3\frac{4}{5} =$ ______________________

❿ $3\frac{13}{21} - 1\frac{17}{21} =$ ______________________

⓫ $4\frac{5}{10} - 1\frac{7}{10} =$ ______________________

⓬ $6\frac{1}{9} - 2\frac{8}{9} =$ ______________________

⓭ $8\frac{1}{4} - 6\frac{2}{4} =$ ______________________

⓮ $4\frac{3}{12} - 1\frac{7}{12} =$ ______________________

공부 끝!

맞힌 개수

/14개

부모님 확인

오늘의 숫자 **50**에 색칠하세요.

월 일 /15 분

Day 28

자연수끼리, 분수끼리 뺀 다음 두 수를 더해야 해.

❶ $5\frac{1}{3}-3\frac{2}{3}$

❷ $7\frac{3}{8}-2\frac{6}{8}$

❸ $5\frac{9}{12}-2\frac{10}{12}$

❹ $8\frac{3}{11}-5\frac{8}{11}$

❺ $4\frac{1}{15}-3\frac{4}{15}$

❻ $6\frac{5}{7}-4\frac{6}{7}$

❼ $7\frac{2}{5}-5\frac{4}{5}$

❽ $2\frac{2}{9}-1\frac{6}{9}$

❾ $4\frac{3}{23}-1\frac{18}{23}$

❿ $8\frac{7}{14}-3\frac{12}{14}$

⓫ $7\frac{1}{6}-5\frac{5}{6}$

⓬ $3\frac{4}{15}-2\frac{9}{15}$

⓭ $8\frac{5}{19}-2\frac{6}{19}$

⓮ $9\frac{3}{10}-4\frac{7}{10}$

⑮ $3\frac{2}{9} - 2\frac{5}{9}$

⑯ $4\frac{3}{8} - 3\frac{7}{8}$

⑰ $8\frac{2}{7} - 5\frac{6}{7}$

⑱ $7\frac{1}{20} - 5\frac{14}{20}$

⑲ $4\frac{1}{6} - 1\frac{5}{6}$

⑳ $3\frac{1}{17} - 2\frac{12}{17}$

㉑ $6\frac{2}{15} - 2\frac{13}{15}$

㉒ $6\frac{7}{23} - 4\frac{14}{23}$

㉓ $4\frac{6}{28} - 1\frac{19}{28}$

㉔ $9\frac{2}{5} - 4\frac{4}{5}$

㉕ $6\frac{4}{12} - 3\frac{11}{12}$

㉖ $9\frac{3}{14} - 5\frac{8}{14}$

㉗ $8\frac{4}{13} - 1\frac{9}{13}$

㉘ $8\frac{6}{11} - 4\frac{10}{11}$

공부 끝!

맞힌 개수 /28개

부모님 확인

오늘의 숫자 **37**에 색칠하세요.

연산 놀이터

부모님 확인

손에 든 팻말의 결과가 작을수록 아래층에 살아. 2층에 사는 동물은 누구일까?

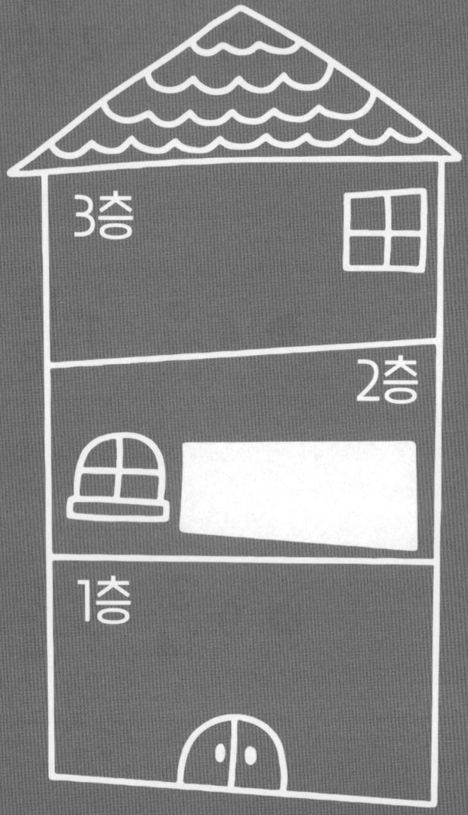

08

자릿수가 같은 소수의 덧셈

이번에는 무엇을 배울까?

받아내림이 있는 대분수의 뺄셈

자릿수가 같은 소수의 덧셈

자릿수가 다른 소수의 덧셈

이렇게 지도해요!

❶ 먼저 설명해 주세요.

자연수의 덧셈을 바탕으로 소수의 덧셈을 그림과 말로 풀어내었습니다. 소수의 덧셈도 자연수의 덧셈과 마찬가지로 같은 자리 수끼리의 합이 10이거나 10보다 크면 바로 윗자리로 받아올림한다는 것을 생각해 봅니다.

❷ 수를 이해하며 계산해요.

설명과 이어지는 그림을 이용하여 Day29에서 재미있게 문제를 풉니다.

❸ 충분히 연습해요.

Day30 ~ Day33의 문제 풀이를 통해 자릿수가 같은 소수의 덧셈을 충분히 연습하고 자릿수가 다른 소수의 덧셈을 대비합니다.

스스로 계획을 세워요!

	공부할 날짜	목표 시간	복습할 날짜
Day 29 /48	월 / 일	분 / 10개	월 / 일
Day 30 /48	월 / 일	분 / 20개	월 / 일
Day 31 /48	월 / 일	분 / 29개	월 / 일
Day 32 /48	월 / 일	분 / 16개	월 / 일
Day 33 /48	월 / 일	분 / 34개	월 / 일

선생님의 칠판

0.8 + 1.5는 어떻게 구할까?

0.8은 0.1이 8개이고, 1.5는 0.1이 15개야.

➡ 0.1이 23개인 2.3이야.

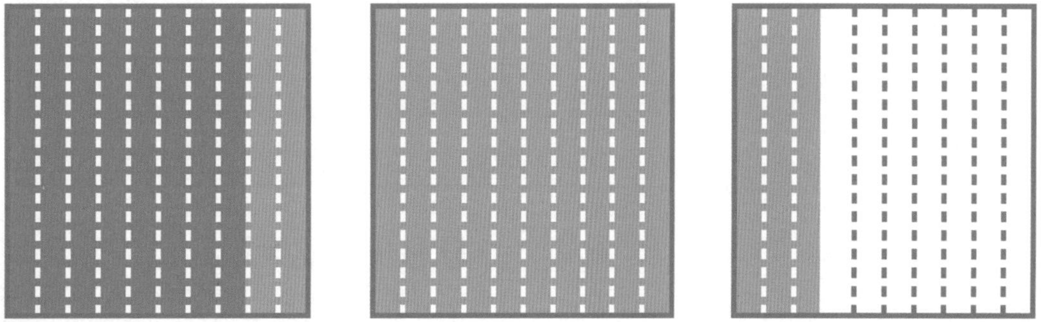

$$\begin{array}{r} \overset{1}{0}.8 \\ +\ 1.5 \\ \hline 2.3 \end{array}$$

자릿수가 같은 소수를 더할 때는

소수점끼리 맞추어 세로식으로 쓰고,

같은 자리 수끼리 더해.

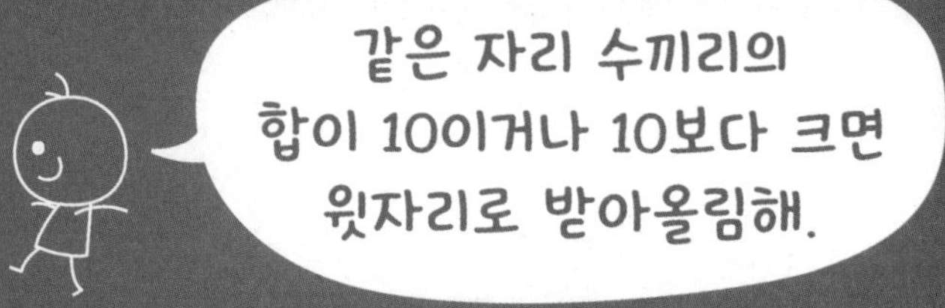

Day 29

이어서 색칠해 보고 0.1 또는 0.01이 모두 몇 칸인지 알아봐.

❶

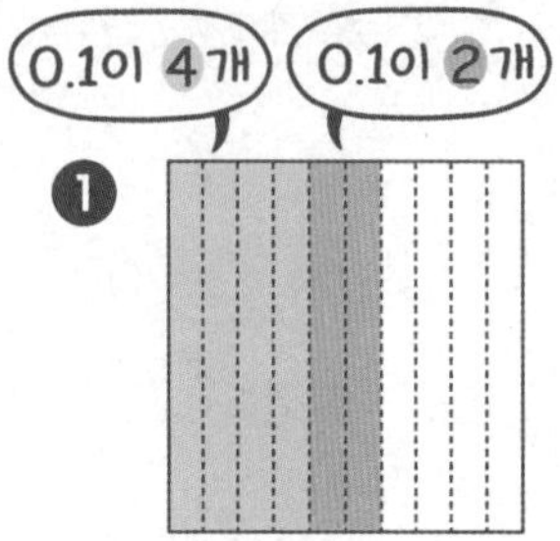

0.4 + 0.2 = ☐ (0.1이 (4+2)개)

❷

더하는 두 소수만큼 이어서 색칠해 봐!

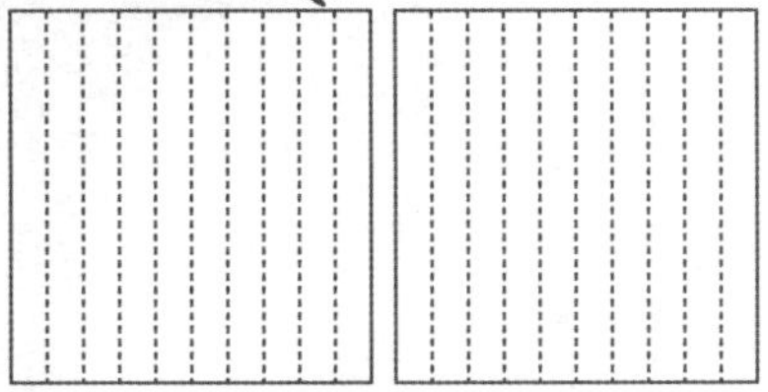

0.7 + 0.6 = ☐

❸

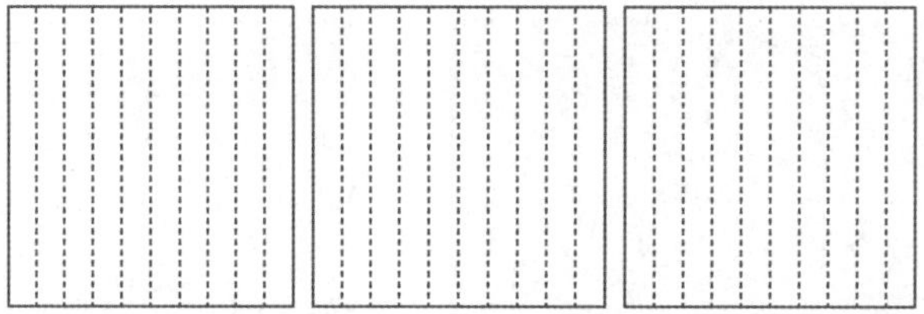

0.9 + 1.2 = ☐

❹

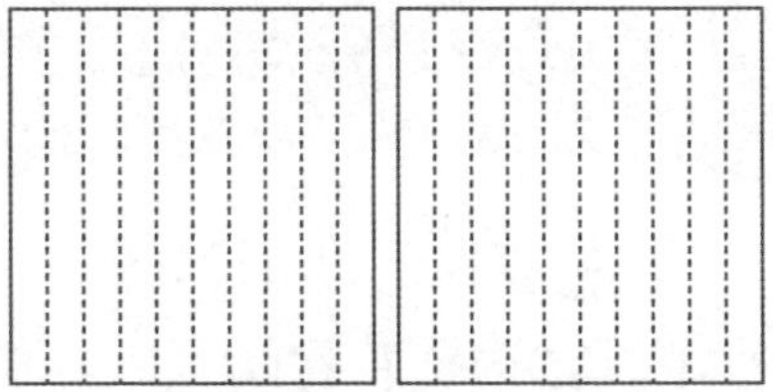

1.3 + 0.6 = ☐

❺

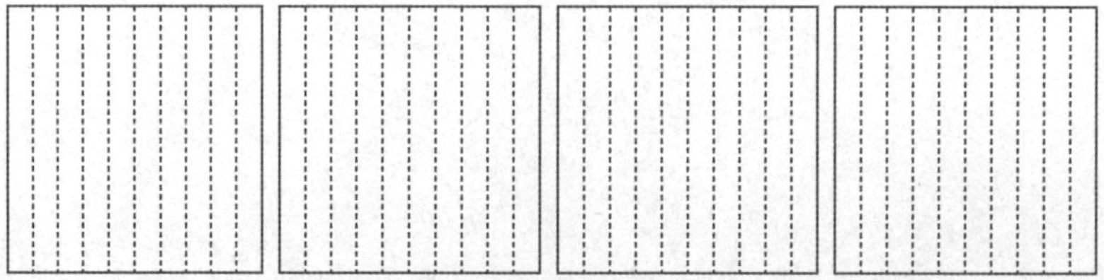

2.7 + 0.5 = ☐

❻ 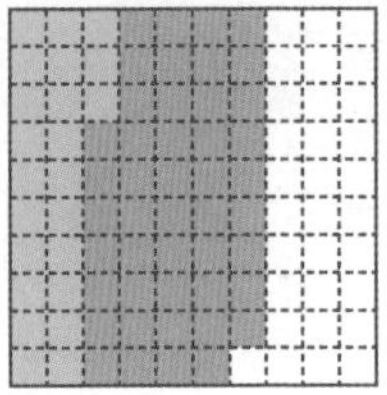

전체 크기가 1인 모눈종이를 100칸으로 똑같이 나눈 한 칸의 크기는 $\frac{1}{100}$, 즉 소수로 0.01이야.

0.23 + 0.46 = ☐

↳ 0.01이 23개인 수야.

0.01을 42칸 색칠하고 이어서 45칸 색칠해 봐.

❼ 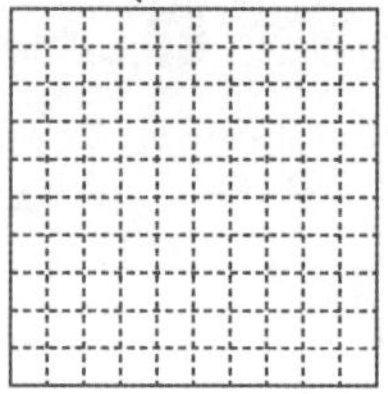

0.42 + 0.45 = ☐

❽ 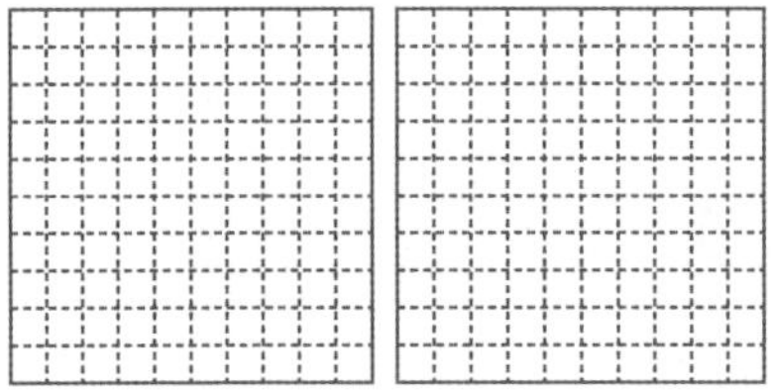

0.57 + 0.92 = ☐

❾ 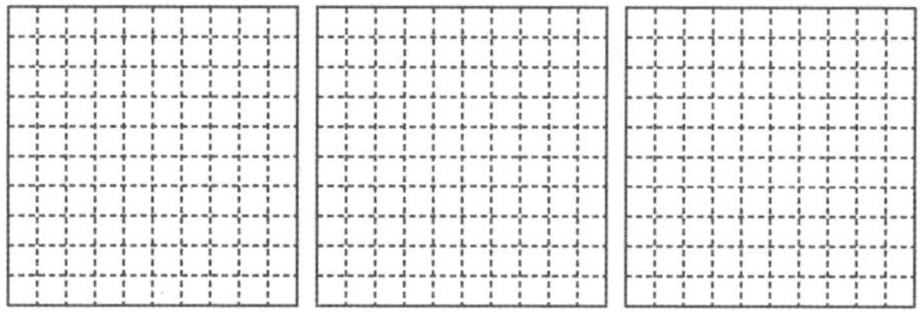

1.56 + 0.61 = ☐

0.01이 156개인 수야.
☐를 156칸 색칠하면 돼.

❿ 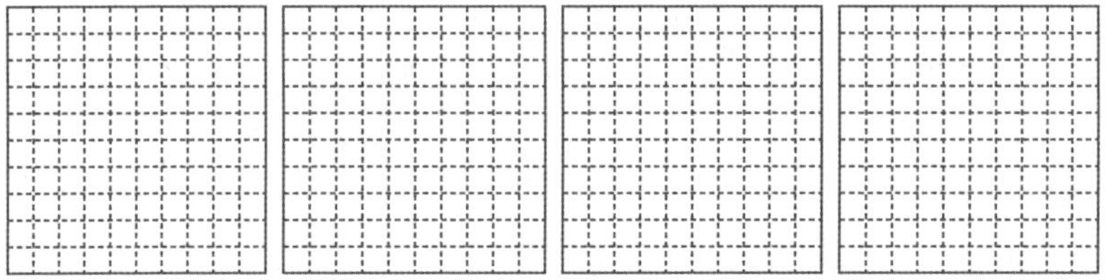

2.01 + 1.91 = ☐

공부 끝!

맞힌 개수 /10개

부모님 확인

오늘의 숫자 **21**에 색칠하세요.

Day 30

소수점을 기준으로 각 자리를 맞추어 쓰고 같은 자리 수끼리 더하면 돼.

같은 자리 수끼리 더해.

	¹	
	1 .	3
+	3 .	9
	5 .	2

소수 첫째 자리 수끼리의 합이 10이거나 10보다 크면 일의 자리로 받아올림해.

소수점은 그대로 내려 찍어.

❶

	0 .	2
+	2 .	6

자연수의 덧셈과 같은 방법으로 계산해.

❷

	1 .	1	8
+	2 .	6	7

❸

	5 .	1
+	4 .	6

❹

	0 .	4
+	3 .	8

❺

		6 .	3
+		5 .	7

소수의 오른쪽 끝자리에 0이 있으므로 생략할 수 있어.

❻

	1	4 .	2
+		5 .	6

❼

	2	8 .	7
+	4	5 .	8

❽

	8 .	2
+	0 .	4

❾

	4	8 .	5
+		1 .	3

❿

	1	7 .	4
+		5 .	8

자연수의 덧셈과 같이 받아올림에 주의해서 계산해 봐.

⑪

	5.	8	2
+	3.	4	6

소수 두 자리 수도 소수점을 기준으로 자리를 맞추어 계산해.

⑫

	1	7.	6	8
+		2.	5	2

⑬

	6.	9	4
+	0.	1	4

⑭

	2	0.	6	3
+		8.	5	9

⑮

	0.	9	3
+	7.	0	2

⑯

	4	7.	6	3
+		1.	1	2

⑰

	8	0.	7	2
+	1	6.	1	5

⑱

	0.	2	4
+	1.	0	5

⑲

	3	2.	7	3
+		5.	0	5

⑳

	1	5.	5	6
+	2	6.	1	6

공부 끝!

맞힌 개수 /20개

부모님 확인

오늘의 숫자 **58**에 색칠하세요.

Day 31

소수점끼리 맞추고 낮은 자리부터 차례로 계산해.

```
   1
   1.5    ← 낮은 자리부터 계산해야
 + 0.7
 -----
   2.2
```

받아올림한 수를 더할 수 있어.

❶
```
  0.4
+ 0.3
-----
```

❷
```
  1.7
+ 2.2
-----
```

❸
```
  10.6
+  3.8
------
```

❹
```
   6.5
+ 12.9
------
```

❺
```
  3.5
+ 7.8
-----
```

❻
```
   4.2
+ 13.4
------
```

❼
```
  32.3
+ 13.6
------
```

❽
```
  15.6
+ 10.4
------
```

❾
```
  12.3
+  4.2
------
```

❿
```
  13.7
+  6.2
------
```

⓫
```
  2.3
+ 3.6
-----
```

⓬
```
  67.3
+  1.8
------
```

⓭
```
  0.7
+ 0.4
-----
```

⓮
```
  4.7
+ 6.6
-----
```

⑮ $\begin{array}{r} 0.35 \\ +\ 0.18 \\ \hline \end{array}$

⑯ $\begin{array}{r} 12.72 \\ +\ \ 4.13 \\ \hline \end{array}$

⑰ $\begin{array}{r} 7.26 \\ +\ \ 2.84 \\ \hline \end{array}$

⑱ $\begin{array}{r} 1.56 \\ +\ 4.13 \\ \hline \end{array}$

⑲ $\begin{array}{r} 0.08 \\ +\ 2.39 \\ \hline \end{array}$

⑳ $\begin{array}{r} 0.11 \\ +\ 0.06 \\ \hline \end{array}$

㉑ $\begin{array}{r} 5.24 \\ +\ 3.72 \\ \hline \end{array}$

㉒ $\begin{array}{r} 3.01 \\ +\ 0.91 \\ \hline \end{array}$

㉓ $\begin{array}{r} 9.37 \\ +\ \ 1.89 \\ \hline \end{array}$

㉔ $\begin{array}{r} 6.54 \\ +\ \ 9.99 \\ \hline \end{array}$

㉕ $\begin{array}{r} 6.47 \\ +\ 3.21 \\ \hline \end{array}$

㉖ $\begin{array}{r} 1.84 \\ +\ 3.15 \\ \hline \end{array}$

㉗ $\begin{array}{r} 4.57 \\ +\ 5.53 \\ \hline \end{array}$

㉘ $\begin{array}{r} 4.16 \\ +\ 10.07 \\ \hline \end{array}$

㉙ $\begin{array}{r} 28.41 \\ +\ \ 3.67 \\ \hline \end{array}$

공부 끝!

맞힌 개수

/29개

부모님 확인

오늘의 숫자 **9**에 색칠하세요.

Day 32

소수점을 기준으로 자리를 맞추어 세로셈으로 쓰면 쉽게 더할 수 있어.

❶ 0.8 + 0.9 =

	0	.8
+	0	.9

❷ 15.2 + 0.4 =

❸ 0.5 + 0.3 =

❹ 1.8 + 5.7 =

❺ 24.5 + 16.4 =

❻ 3.4 + 18.5 =

❼ 0.8 + 1.2 =

❽ 0.9 + 10.4 =

⑨ 1.64 + 1.91 =

⑩ 0.45 + 1.25 =

⑪ 1.97 + 13.68 =

⑫ 0.17 + 0.16 =

⑬ 2.54 + 1.24 =

⑭ 4.18 + 13.61 =

⑮ 1.44 + 7.02 =

⑯ 5.11 + 3.16 =

공부 끝!

맞힌 개수

/16개

부모님 확인

오늘의 숫자 **26**에 색칠하세요.

월 일 /12 분

Day 33

가로 셈을 세로 셈으로 바꾸어 계산하면 실수를 줄일 수 있어.

❶ 1.7 + 2.4 =

$$\begin{array}{r} \overset{1}{1}.7 \\ +2.4 \\ \hline 1 \end{array}$$

남은 자리도 계산해 봐!

❷ 1.37 + 1.64 =

$$\begin{array}{r} 1.\overset{1}{6}4 \\ +1.37 \\ \hline 1 \end{array}$$

❸ 0.27 + 0.17

❹ 9.78 + 19.66

❺ 0.3 + 0.4

❻ 8.71 + 1.39

❼ 0.88 + 2.39

❽ 2.5 + 8.8

❾ 15.6 + 10.4

❿ 0.11 + 0.08

⓫ 4.2 + 13.4

⓬ 0.7 + 6.4

⓭ 20.6 + 3.8

⓮ 0.45 + 0.08

⓯ 5.8 + 19.7

⑯ $2.6 + 1.1$

⑰ $18.6 + 3.9$

⑱ $1.24 + 5.36$

⑲ $1.3 + 0.9$

⑳ $6.94 + 6.87$

㉑ $0.2 + 0.4$

㉒ $2.4 + 3.6$

㉓ $26.4 + 29.7$

㉔ $0.76 + 5.34$

㉕ $3.5 + 0.4$

㉖ $14.8 + 1.8$

㉗ $0.07 + 0.26$

㉘ $7.4 + 5.8$

㉙ $30.54 + 7.91$

㉚ $11.45 + 8.45$

㉛ $9.5 + 2.3$

㉜ $2.64 + 3.42$

㉝ $1.8 + 3.4$

㉞ $16.8 + 12.1$

공부 끝!

맞힌 개수

/34개

부모님 확인

오늘의 숫자 **34**에 색칠하세요.

연산 놀이터

부모님 확인

개구리는 0.2만큼 뛰고 0.6만큼 더 뛰었어.
토끼는 0.5만큼 뛰고 그 다음 0.2만큼 뛰었어.
개구리와 토끼가 뛴만큼 수직선에 표시해서 누가 더 멀리 뛰었는지 찾아봐.

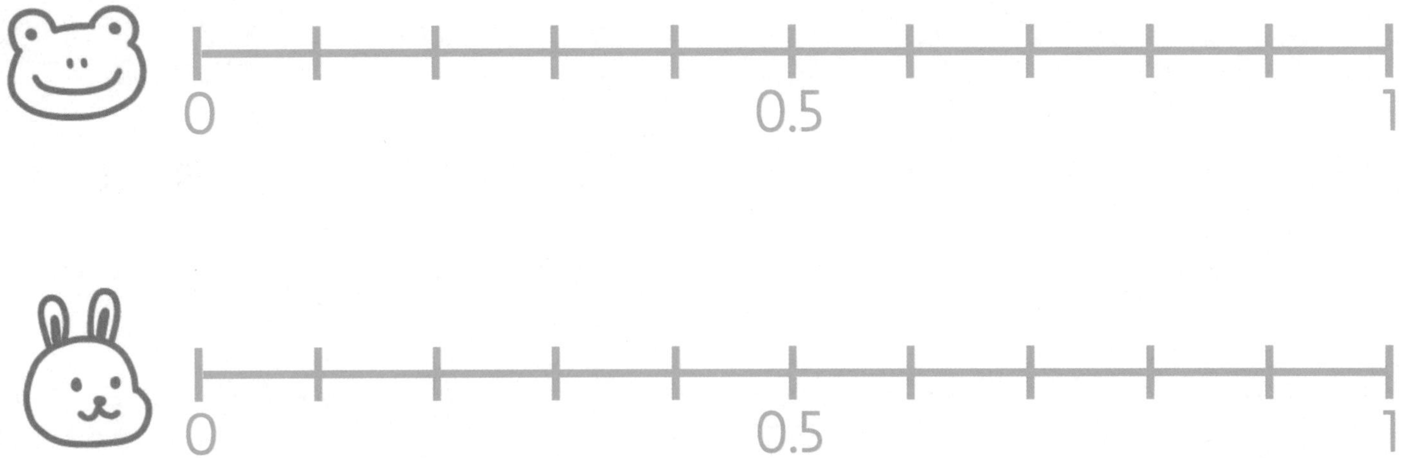

09

자릿수가 다른 소수의 덧셈

이번에는 무엇을 배울까?

자릿수가 같은 소수의 덧셈 | **자릿수가 다른 소수의 덧셈** | 자릿수가 같은 소수의 뺄셈

이렇게 지도해요!

❶ 먼저 설명해 주세요.

자릿수가 같은 소수의 덧셈을 바탕으로 자릿수가 다른 소수의 덧셈 내용을 그림과 말로 풀어내었습니다. 자릿수가 다를 때 소수의 오른쪽 끝자리에 0이 있는 것으로 생각하여 소수점끼리 자리를 맞춰 쓰고 계산하는 방법을 익힙니다.

❷ 수를 이해하며 계산해요.

설명과 이어지는 그림을 이용하여 Day34에서 재미있게 문제를 풉니다.

❸ 충분히 연습해요.

Day35 ~ Day38의 문제 풀이를 통해 자릿수가 다른 소수의 덧셈을 충분히 연습하고 자릿수가 같은 소수의 뺄셈을 대비합니다.

스스로 계획을 세워요!

	공부할 날짜	목표 시간	복습할 날짜
Day 34 48	월 / 일	분 / 9개	월 / 일
Day 35 48	월 / 일	분 / 21개	월 / 일
Day 36 48	월 / 일	분 / 30개	월 / 일
Day 37 48	월 / 일	분 / 16개	월 / 일
Day 38 48	월 / 일	분 / 34개	월 / 일

선생님의 칠판

소수끼리 더할 때는 **소수점**끼리 맞추어

세로식으로 쓰고, 같은 자리 수끼리 더해.

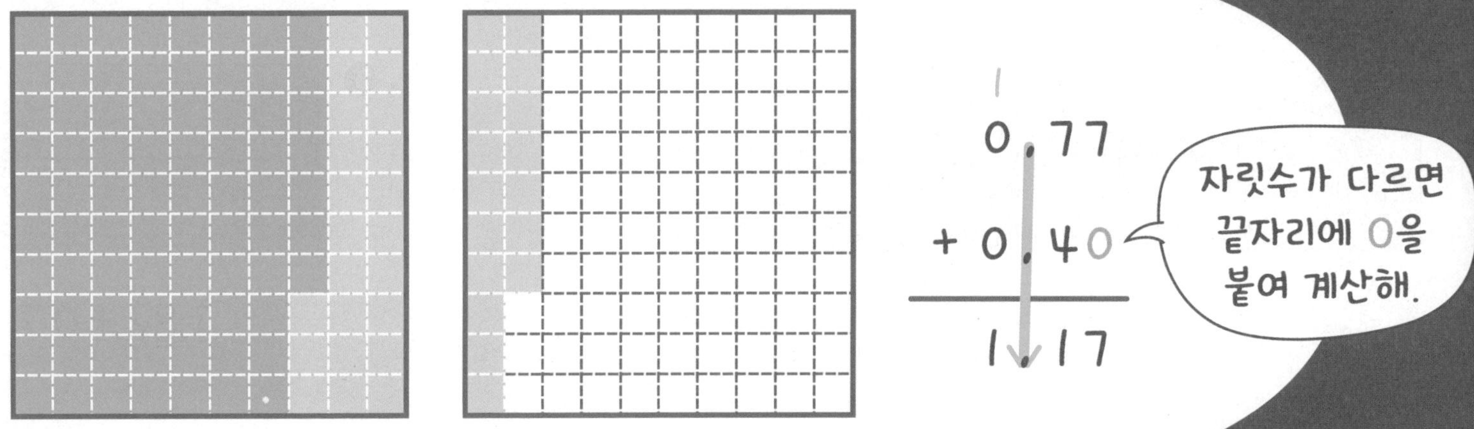

Day 34

색칠한 칸이 모두 몇 개인지 세어 봐.

❶

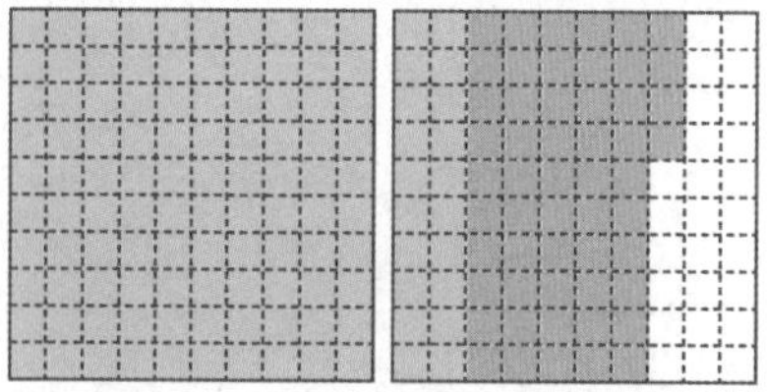

1.2는 0.01이 120개, 0.54는 0.01이 54개야.

1.2 + 0.54 = ☐

0.01이 (120+54)=174개

❷

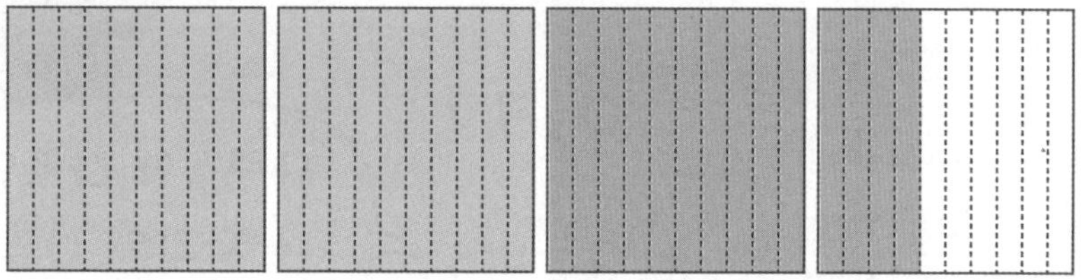

2 + 1.4 = ☐

❸

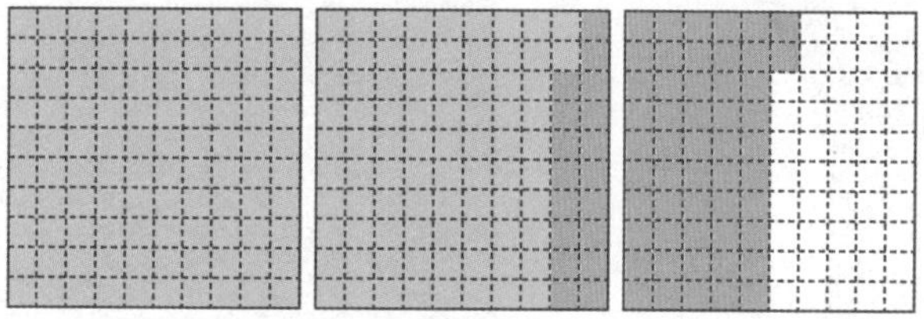

1.82 + 0.7 = ☐

❹

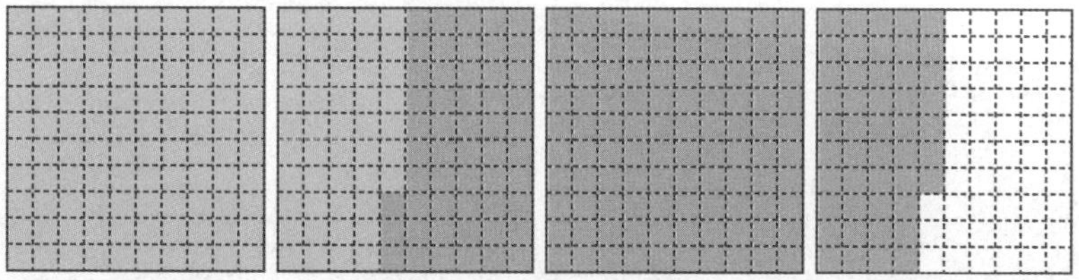

1.47 + 2 = ☐

❺

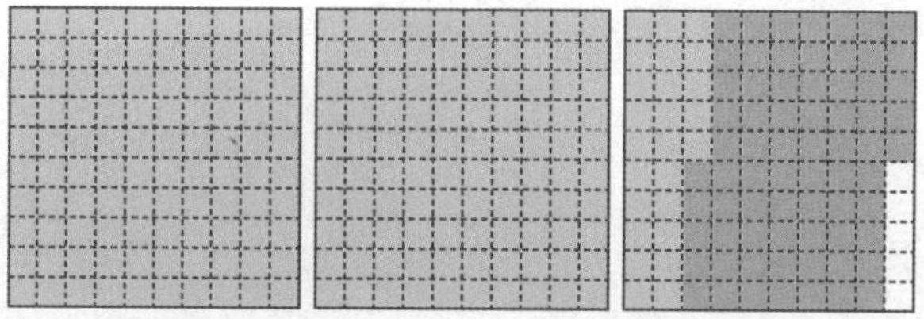

2.25 + 0.7 = ☐

이어서 색칠해 보고,
색칠한 칸은 모두 몇 개인지 세어 봐.

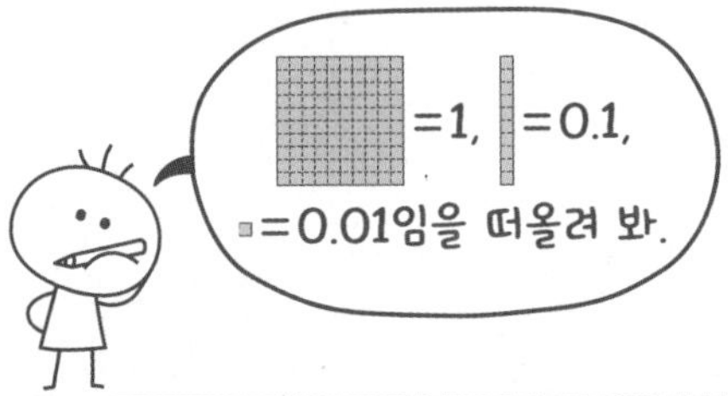

❻

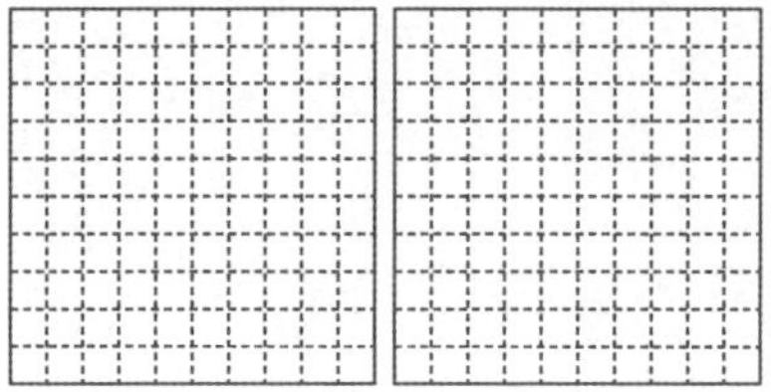

0.3 + 1.06 = ☐

❼

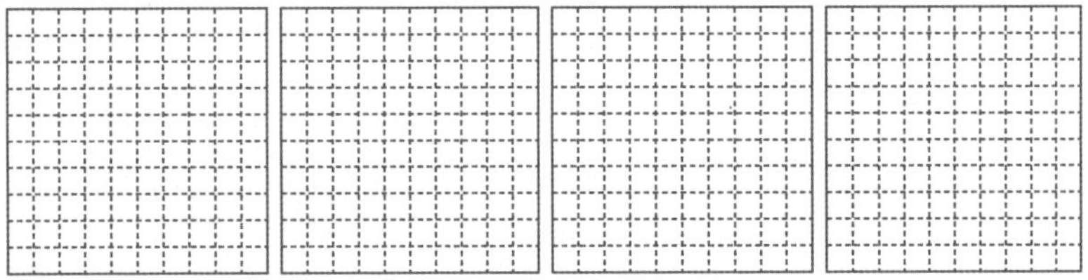

2.43 + 0.7 = ☐

❽

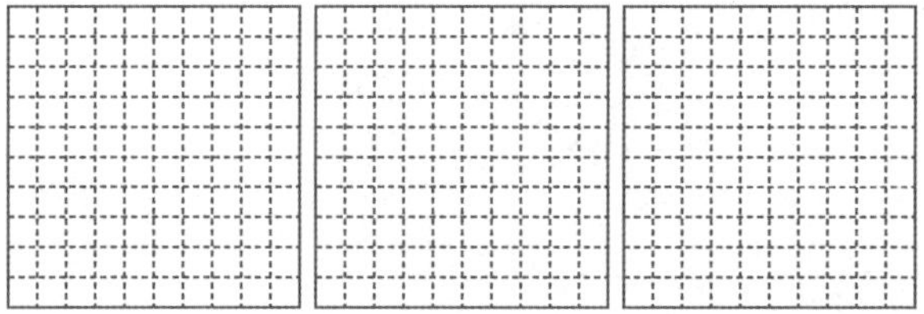

1.95 + 0.4 = ☐

❾

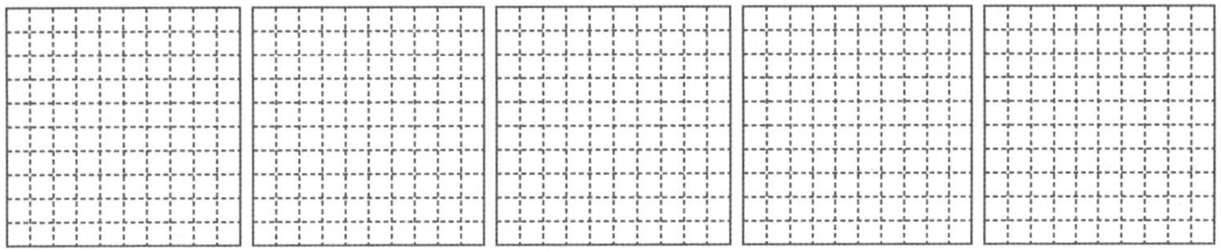

3 + 1.68 = ☐

공부 끝!

맞힌 개수 /9개

부모님 확인

오늘의 숫자 **60**에 색칠하세요.

Day 35

소수점으로 자리를 맞추어야 같은 자리 수끼리 더할 수 있어.

소수점을 기준으로 자리를 맞추고

	1		
	1.	5	2
+	4.	8	0
	6.	3	2

끝자리에 0을 붙여 계산해 봐.

❶

	3.	2	4
+	4.	1	0

❷

	8		
+	0.	5	6

❸

	1	
+	0.	4

❹

	1.	8
+	2	

❺

	1	3.	6	5	4
+		1.	2		

❻

	5.	0	1	
+	0.	9	7	4

❼

		0.	4	8	5
+	1	2.	3		

❽

	1.	0	2	7
+	4.	5	6	

❾

	2	1.	6	8
+		4		

❿

	1	6.	8	
+		2.	1	5

받아올림한 수를 윗자리에 작게 쓰면 실수를 줄일 수 있어.

⑪

	1		
	0.	9	
+	7.	3	4

⑫

	8.	5	2
+	1.	5	

⑬

	0.	2	9	
+	0.	0	8	6

⑭

		4.	8	6
+	1	7		

⑮

	3.	1	7	6
+	4.	9		

⑯

	1.	2	3	5
+	0.	4	9	

⑰

	2	5.	6
+	4	8	

⑱

	1	8			
+		2.	9	8	6

⑲

	2	3		
+		7.	1	4

⑳

	6.	5	1
+	0.	8	

㉑

	5	2.	4		
+		8.	7	6	2

공부 끝!

맞힌 개수 /21개

부모님 확인

오늘의 숫자 **17**에 색칠하세요.

Day 36

끝자리가 아니라 소수점을 기준으로 자리를 맞추고 더해야 해.

❶ $2.31 + 2.50$

❷ $1.205 + 5$

❸ $0.9 + 7.02$

❹ $1.3 + 0.62$

❺ $12 + 12.3$

❻ $65.284 + 1$

❼ $6.081 + 2.5$

❽ $1.3 + 2.25$

❾ $7.24 + 42.6$

❿ $10.5 + 9.494$

⓫ $1.35 + 24$

⓬ $8.267 + 40.61$

⓭ $35 + 2.461$

⓮ $11 + 4.5$

⓯ $8.65 + 71.304$

⑯
$$\begin{array}{r} 7.7 \\ +\,1.95 \\ \hline \end{array}$$

⑰
$$\begin{array}{r} 1.8 \\ +\,0.529 \\ \hline \end{array}$$

⑱
$$\begin{array}{r} 3.69 \\ +\,12.4 \\ \hline \end{array}$$

⑲
$$\begin{array}{r} 7 \\ +\,3.94 \\ \hline \end{array}$$

⑳
$$\begin{array}{r} 3.653 \\ +\,5.6 \\ \hline \end{array}$$

㉑
$$\begin{array}{r} 16 \\ +\,6.8 \\ \hline \end{array}$$

㉒
$$\begin{array}{r} 4.6 \\ +\,1.683 \\ \hline \end{array}$$

㉓
$$\begin{array}{r} 1.7 \\ +\,0.46 \\ \hline \end{array}$$

㉔
$$\begin{array}{r} 9.83 \\ +\,12.871 \\ \hline \end{array}$$

㉕
$$\begin{array}{r} 6.951 \\ +\,16.2 \\ \hline \end{array}$$

㉖
$$\begin{array}{r} 1.85 \\ +\,62.3 \\ \hline \end{array}$$

㉗
$$\begin{array}{r} 2.49 \\ +\,1.6 \\ \hline \end{array}$$

㉘
$$\begin{array}{r} 5 \\ +\,16.89 \\ \hline \end{array}$$

㉙
$$\begin{array}{r} 27.23 \\ +\,27 \\ \hline \end{array}$$

㉚
$$\begin{array}{r} 31.5 \\ +\,9.754 \\ \hline \end{array}$$

공부 끝!

맞힌 개수 /30개

부모님 확인

오늘의 숫자 **69**에 색칠하세요.

월 일 /7 분

Day 37

소수점을 기준으로 자리를 맞추어 세로 셈으로 쓰면 쉽게 더할 수 있어.

❶ 7.69 + 13.5 =

	1	1		
		7.	6	9
+	1	3.	5	

❷ 6.884 + 23.51 =

❸ 9+ 11.5 =

❹ 0.31 + 2 =

❺ 5.2 + 7.25 =

❻ 0.7 + 10.44 =

❼ 1.4 + 1.652 =

❽ 18.376 + 2.9 =

❾ $15 + 9.35 =$

❿ $10.54 + 6.9 =$

⓫ $7 + 12.896 =$

⓬ $46.11 + 16.472 =$

⓭ $12.3 + 2.741 =$

⓮ $5.694 + 2.8 =$

⓯ $0.27 + 17.2 =$

⓰ $3.8 + 20.09 =$

공부 끝!

맞힌 개수

/16개

부모님 확인

오늘의 숫자 **77**에 색칠하세요.

월 일 /12 분

Day 38

가로 셈을 세로 셈으로 바꾸어 계산하면 실수를 줄일 수 있어.

❶ 1.84 + 3.2 =

$$\begin{array}{r} \overset{1}{1}.84 \\ +\ 3.2 \\ \hline 4 \end{array}$$

남은 자리도 차례대로 더해 봐.

❷ 8 + 17.3 =

$$\begin{array}{r} \overset{1}{1}7.3 \\ +\ \ 8 \\ \hline 3 \end{array}$$

❸ 9.5 + 12.34

❹ 8.7 + 17

❺ 0.5 + 0.789

❻ 0.802 + 12.59

❼ 4 + 2.843

❽ 0.81 + 4.5

❾ 6 + 1.78

❿ 1.25 + 12.954

⓫ 4.36 + 2.087

⓬ 7.861 + 45

⓭ 4.119 + 11.1

⓮ 0.78 + 21

⓯ 22 + 7.23

⑯ 8.1 + 12.157

⑰ 2.06 + 1.8

⑱ 10.804 + 5.23

⑲ 5.5 + 12.137

⑳ 13.5 + 9.99

㉑ 7 + 2.43

㉒ 12.8 + 6.745

㉓ 0.364 + 15

㉔ 3.256 + 1.9

㉕ 16 + 6.523

㉖ 14.59 + 8

㉗ 4 + 0.9

㉘ 32 + 5.7

㉙ 0.8 + 0.53

㉚ 61.8 + 7

㉛ 1.5 + 56.86

㉜ 24.73 + 6.5

㉝ 7.08 + 13.934

㉞ 0.2 + 34.81

공부 끝!

맞힌 개수

/34개

부모님 확인

오늘의 숫자 **46**에 색칠하세요.

연산 놀이터

가장 무거운 구슬은 실에 꿸 수 없어.
꿸 수 없는 구슬은 어떤 구슬인지 찾아 색칠해 봐.

부모님 확인

10

자릿수가 같은 소수의 뺄셈

이번에는 무엇을 배울까?

자릿수가 다른 소수의 덧셈

자릿수가 같은 소수의 뺄셈

자릿수가 다른 소수의 뺄셈

이렇게 지도해요!

❶ 먼저 설명해 주세요.

자연수의 뺄셈을 바탕으로 소수의 뺄셈을 그림과 말로 풀어내었습니다. 소수의 뺄셈도 자연수의 뺄셈과 마찬가지로 같은 자리 수끼리 뺄 수 없을 때는 윗자리의 1을 10으로 받아내림하는 것을 생각해 봅니다.

❷ 수를 이해하며 계산해요.

설명과 이어지는 그림을 이용하여 Day39에서 재미있게 문제를 풉니다.

❸ 충분히 연습해요.

Day40 ~ Day43의 문제 풀이를 통해 자릿수가 같은 소수의 뺄셈을 충분히 연습하고 자릿수가 다른 소수의 뺄셈을 대비합니다.

스스로 계획을 세워요!

	공부할 날짜	목표 시간	복습할 날짜
Day 39/48	월 / 일	분 / 10개	월 / 일
Day 40/48	월 / 일	분 / 20개	월 / 일
Day 41/48	월 / 일	분 / 29개	월 / 일
Day 42/48	월 / 일	분 / 16개	월 / 일
Day 43/48	월 / 일	분 / 34개	월 / 일

선생님의 칠판

2.1 - 1.7은 어떻게 구할까?

2.1은 0.1이 21개이고, 1.7은 0.1이 17개야.

빼면 0.1이 4개니까 0.4야.

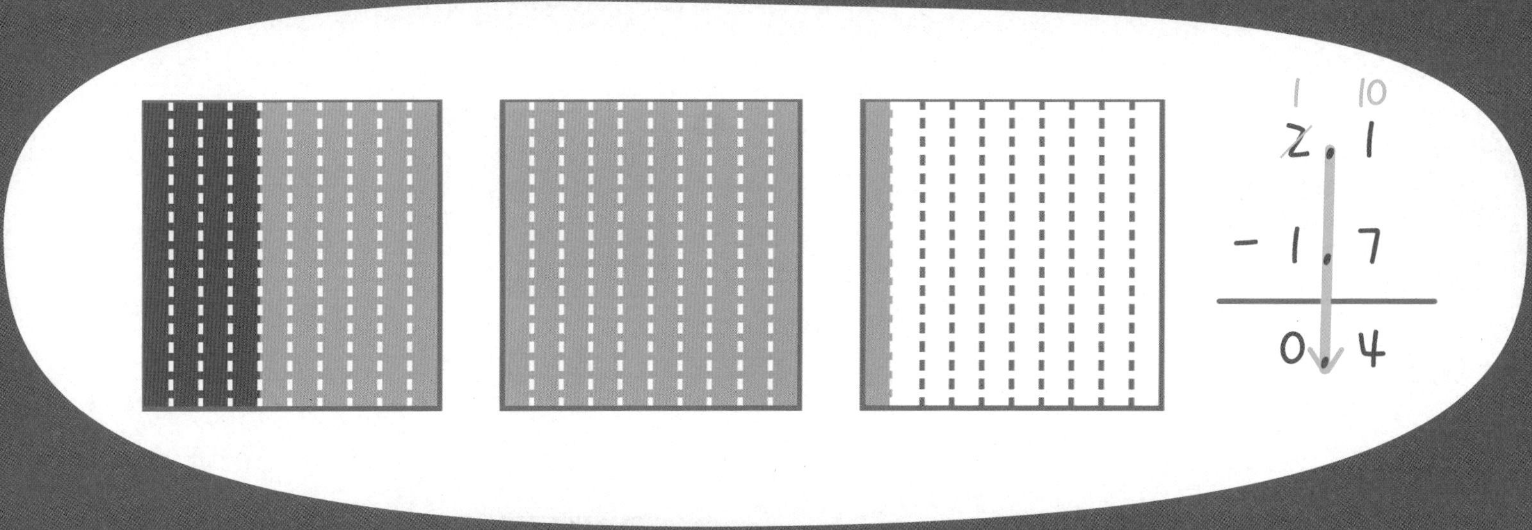

자릿수가 같은 소수를 뺄 때는

소수점끼리 맞추어 세로식으로 쓰고,

같은 자리의 수끼리 빼.

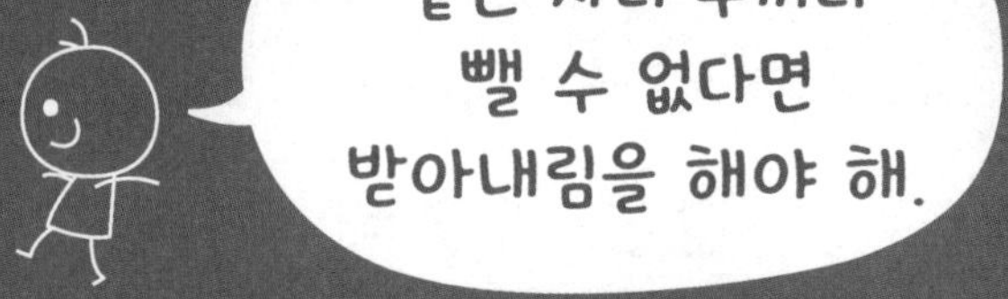

Day 39

**빼는 만큼 ×표로 지우고,
0.1 또는 0.01이
몇 칸 남았는지 알아봐.**

❶
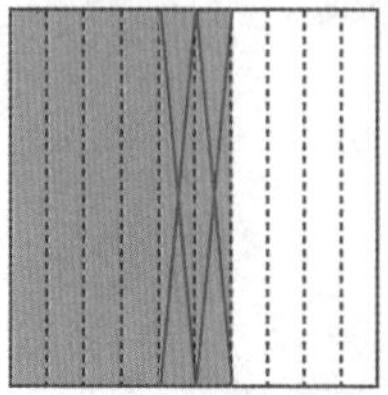

0.6 - 0.2 = ☐ (0.1이 (6-2)개)

❷
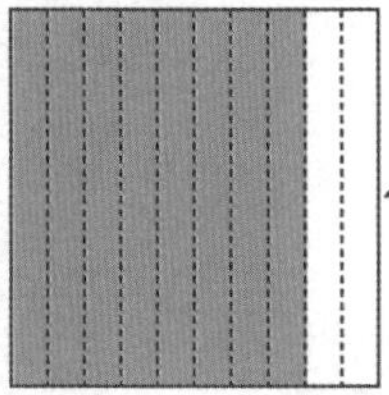

(빼는 소수만큼 ×표로 지워 봐!)

0.8 - 0.6 = ☐

❸
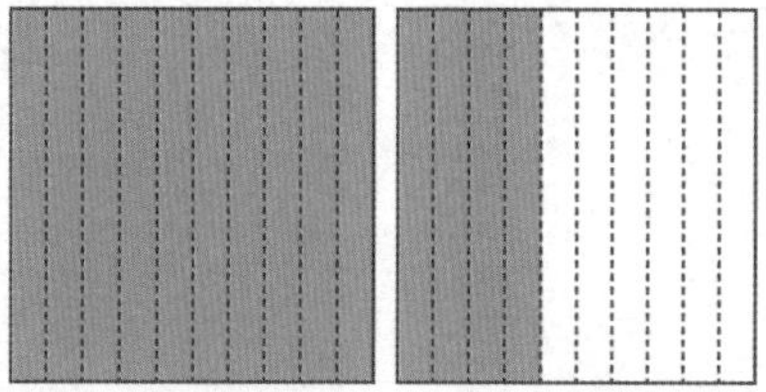

1.4 - 0.9 = ☐

❹

2.3 - 1.7 = ☐

❺
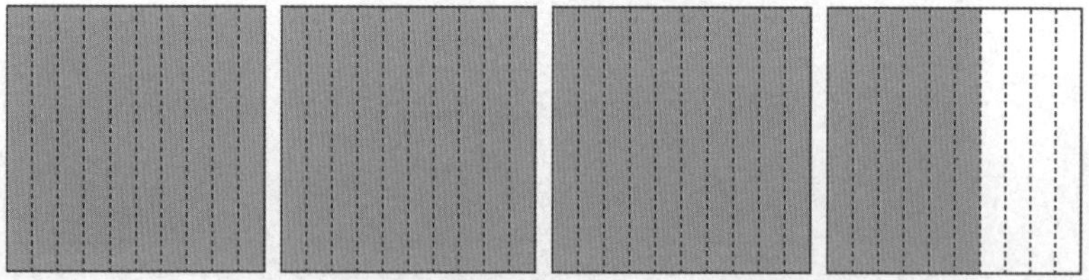

3.6 - 1.8 = ☐

❻

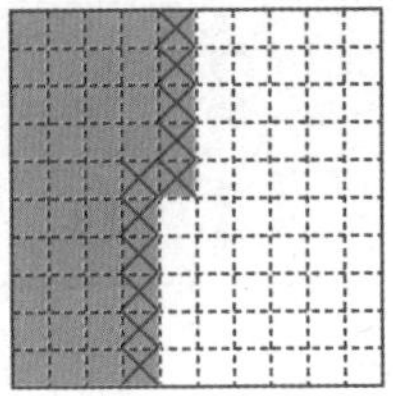

■=0.01이
몇 칸 남았을까?

0.45 - 0.11 = ☐

0.01이 11개야.
■ 11개를 ×표로 지웠어.

❼

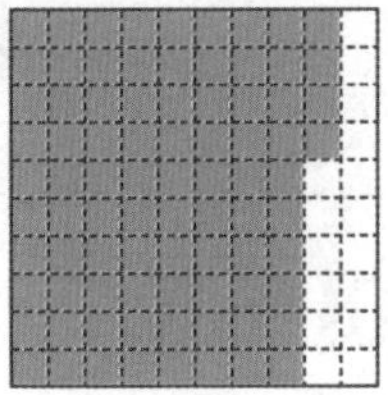

0.84 - 0.26 = ☐

❽

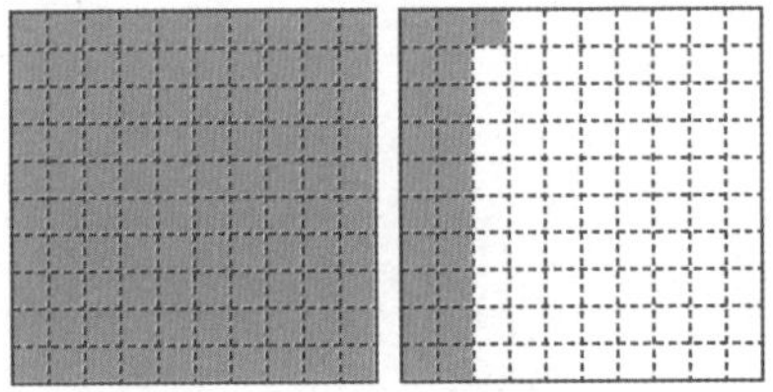

1.21 - 0.34 = ☐

❾

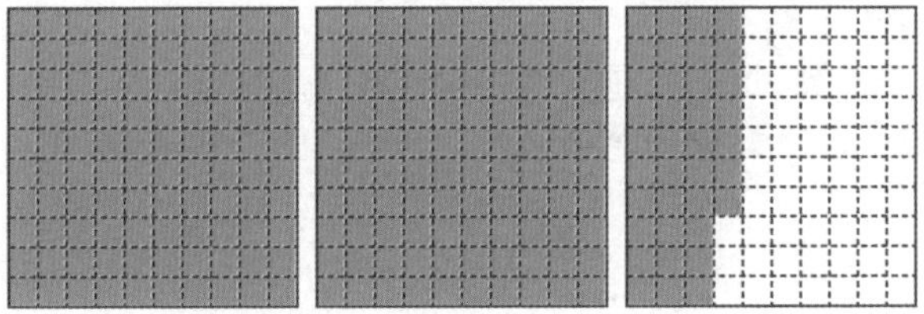

2.37 - 1.35 = ☐

❿

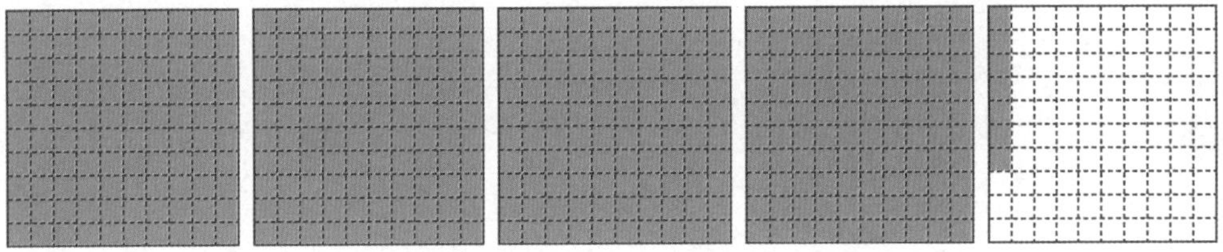

4.07 - 3.17 = ☐

공부 끝!

맞힌 개수 /10개

부모님 확인

오늘의 숫자 **25**에 색칠하세요.

Day 40

소수점을 기준으로 각 자리를 맞추어 쓰고 차례로 빼면 돼.

	1	10
	2̸ .	6
-	0 .	7
	1 .	9

같은 자리 수끼리 뺄 수 없을 때는 10을 받아내림 해.

소수점은 그대로 내려 찍어.

❶

	0 .	9
-	0 .	7

9-7과 같이 생각하면 돼!

❷

	2	6 .	2
-	1	0 .	1

❸

	6 .	6
-	3 .	1

❹

	5 .	3
-	2 .	4

❺

	7 .	2
-	4 .	5

❻

	9	1 .	5
-	2	4 .	6

❼

	1	7 .	5
-		2 .	4

❽

	8 .	8
-	5 .	1

❾

	4	8 .	5
-		1 .	3

❿

	1	4 .	6
-		4 .	8

자연수의 뺄셈과 같이 받아내림에 주의해서 계산해 봐.

⑪

	4.	8	8
-	2.	4	3

소수 두 자리 수도 소수점을 기준으로 자리를 맞추어 계산해.

⑫

	1	5.	1	1
-		3.	2	9

⑬

	3.	9	4
-	1.	8	7

⑭

	1	0.	2	4
-		4.	6	9

⑮

	5.	1	6
-	2.	2	7

⑯

	3.	6	5
-	1.	4	9

⑰

	2	8.	5	9
-	1	2.	2	3

⑱

	3	3.	8	4
-	1	1.	0	2

⑲

	5.	3	8
-	4.	2	4

⑳

	4	2.	2	3
-	1	2.	8	5

공부 끝!

맞힌 개수 /20개

부모님 확인

오늘의 숫자 **76**에 색칠하세요.

Day 41

소수점을 맞춰 보고 낮은 자리부터 차례로 계산해.

❶ 같은 자리 수끼리 빼 수 없을 때는
❷ 일의 자리의 1을 10으로 받아내림해!

$$\begin{array}{r} \overset{5\ \ 10}{\cancel{6}.2\,4} \\ -\,3.8\,1 \\ \hline 2.4\,3 \end{array}$$

❶ $\begin{array}{r} 1.7 \\ -\,0.6 \\ \hline \end{array}$

❷ $\begin{array}{r} 0.8 \\ -\,0.6 \\ \hline \end{array}$

❸ $\begin{array}{r} 1.2 \\ -\,0.6 \\ \hline \end{array}$

❹ $\begin{array}{r} 2.5 \\ -\,1.7 \\ \hline \end{array}$

❺ $\begin{array}{r} 1.3 \\ -\,0.7 \\ \hline \end{array}$

❻ $\begin{array}{r} 9.8 \\ -\,2.7 \\ \hline \end{array}$

❼ $\begin{array}{r} 1.8 \\ -\,0.7 \\ \hline \end{array}$

❽ $\begin{array}{r} 22.7 \\ -\,15.8 \\ \hline \end{array}$

❾ $\begin{array}{r} 4.2 \\ -\,1.5 \\ \hline \end{array}$

❿ $\begin{array}{r} 14.7 \\ -\,10.9 \\ \hline \end{array}$

⓫ $\begin{array}{r} 13.5 \\ -\,6.1 \\ \hline \end{array}$

⓬ $\begin{array}{r} 14.5 \\ -\,2.3 \\ \hline \end{array}$

⓭ $\begin{array}{r} 1.8 \\ -\,1.7 \\ \hline \end{array}$

⓮ $\begin{array}{r} 43.2 \\ -\,36.5 \\ \hline \end{array}$

⑮ $\begin{array}{r} 1.14 \\ -\ 0.26 \\ \hline \end{array}$

⑯ $\begin{array}{r} 0.19 \\ -\ 0.06 \\ \hline \end{array}$

⑰ $\begin{array}{r} 9.14 \\ -\ 5.31 \\ \hline \end{array}$

⑱ $\begin{array}{r} 58.14 \\ -\ 21.64 \\ \hline \end{array}$

⑲ $\begin{array}{r} 9.03 \\ -\ 7.17 \\ \hline \end{array}$

⑳ $\begin{array}{r} 2.65 \\ -\ 1.65 \\ \hline \end{array}$

㉑ $\begin{array}{r} 0.86 \\ -\ 0.38 \\ \hline \end{array}$

㉒ $\begin{array}{r} 3.49 \\ -\ 2.05 \\ \hline \end{array}$

㉓ $\begin{array}{r} 0.74 \\ -\ 0.37 \\ \hline \end{array}$

㉔ $\begin{array}{r} 18.66 \\ -\ \ \ 8.57 \\ \hline \end{array}$

㉕ $\begin{array}{r} 21.42 \\ -\ 10.48 \\ \hline \end{array}$

㉖ $\begin{array}{r} 9.75 \\ -\ 6.43 \\ \hline \end{array}$

㉗ $\begin{array}{r} 1.09 \\ -\ 0.14 \\ \hline \end{array}$

㉘ $\begin{array}{r} 36.32 \\ -\ 24.54 \\ \hline \end{array}$

㉙ $\begin{array}{r} 48.49 \\ -\ 22.05 \\ \hline \end{array}$

공부 끝!

맞힌 개수 /29개

부모님 확인

오늘의 숫자 **32**에 색칠하세요.

Day 42

소수점을 기준으로 자리를 맞추어 세로 셈으로 쓰면 쉽게 뺄 수 있어.

❶ 0.5 - 0.3 =

	0.	5
-	0.	3

❷ 3.5 - 2.9 =

❸ 4.9 - 2.7 =

❹ 14.2 - 8.1 =

❺ 25.1 - 10.6 =

❻ 19.6 - 0.4 =

❼ 6.4 - 1.2 =

❽ 34.7 - 22.9 =

❾ 0.07 - 0.05 =

❿ 26.43 - 10.23 =

⓫ 0.42 - 0.15 =

⓬ 8.19 - 0.42 =

⓭ 3.18 - 1.99 =

⓮ 58.79 - 39.59 =

⓯ 15.66 - 0.46 =

⓰ 24.23 - 11.38 =

공부 끝!

맞힌 개수

/16개

부모님 확인

오늘의 숫자 **39**에 색칠하세요.

Day 43

가로 셈을 세로 셈으로 바꾸어 계산하면 실수를 줄일 수 있어.

❶ 6.45 - 2.56 =

```
  5 1310
  6.45
- 2.56
------
     9
```

남은 자리도 계산해서 써 봐!

❷ 0.3 - 0.1

❸ 6.88 - 3.16

❹ 1.7 - 1.4

❺ 5.2 - 3.6

❻ 1.2 - 0.7

❼ 5.95 - 1.72

❽ 1.43 - 0.29

❾ 8.9 - 4.1

❿ 8.2 - 2.8

⓫ 1.45 - 0.33

⓬ 4.76 - 2.92

⓭ 0.4 - 0.1

⓮ 9.6 - 1.9

⓯ 2.56 - 0.12

⑯ 3.9 - 1.8

⑰ 9.36 - 4.97

⑱ 7.77 - 0.45

⑲ 6.4 - 5.7

⑳ 0.52 - 0.35

㉑ 12.9 - 2.6

㉒ 15.58 - 4.22

㉓ 10.5 - 4.6

㉔ 7.23 - 4.53

㉕ 42.53 - 30.91

㉖ 13.8 - 2.7

㉗ 16.76 - 3.41

㉘ 16.4 - 1.2

㉙ 11.02 - 3.73

㉚ 7.54 - 5.89

㉛ 2.8 - 0.2

㉜ 23.51 - 4.62

㉝ 30.74 - 15.81

㉞ 19.3 - 8.4

공부 끝!

맞힌 개수

/34개

부모님 확인

오늘의 숫자 **52**에 색칠하세요.

연산 놀이터

강아지는 0.5보다 큰 돌만 지나갈 수 있어.
강아지가 갈 수 있는 길을 표시해 봐.

부모님 확인

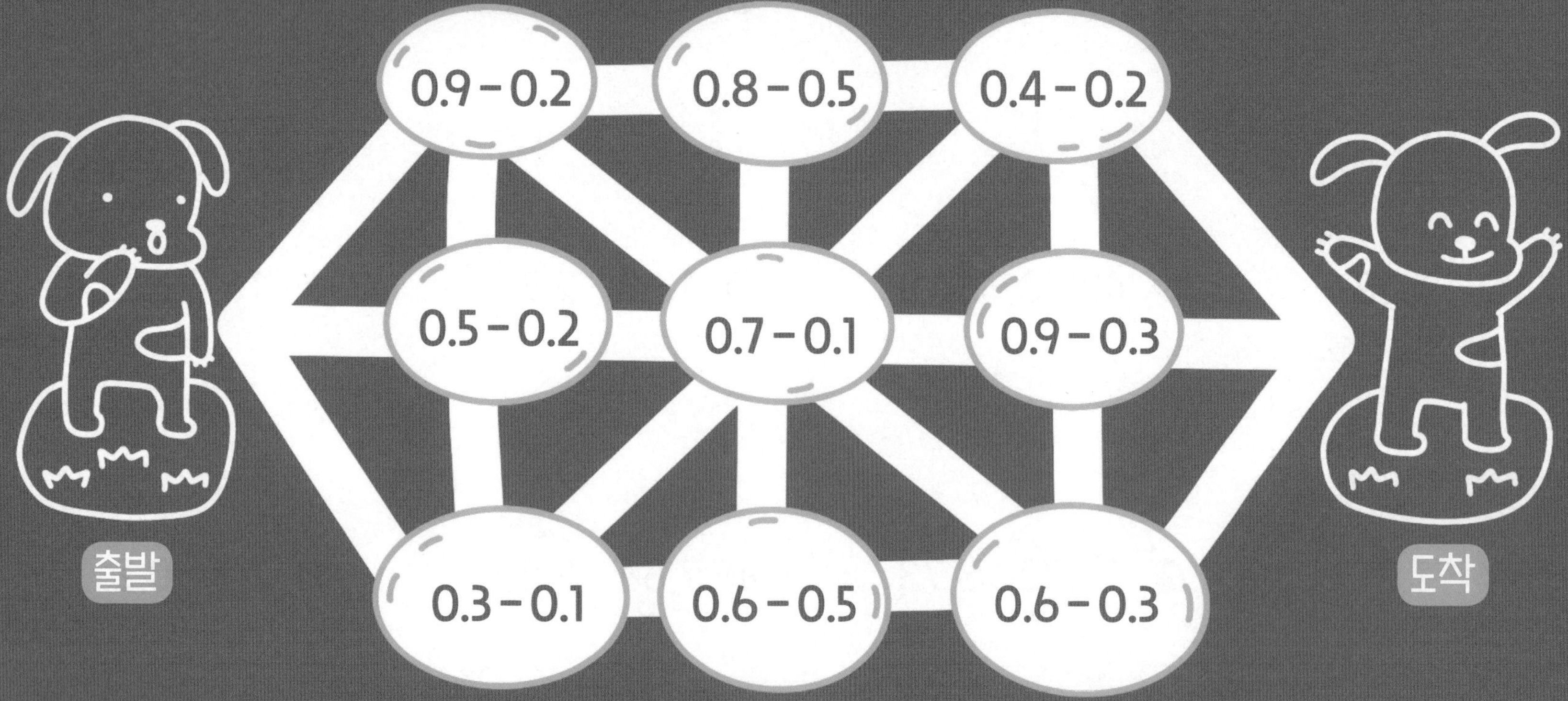

11

자릿수가 다른 소수의 뺄셈

이번에는 무엇을 배울까?

자릿수가 같은 소수의 뺄셈	**자릿수가 다른 소수의 뺄셈**	덧셈과 뺄셈, 곱셈과 나눗셈이 섞인 계산

이렇게 지도해요!

❶ 먼저 설명해 주세요.

자릿수가 같은 소수의 뺄셈을 바탕으로 자릿수가 다른 소수의 뺄셈을 그림과 말로 풀어내었습니다.
자릿수가 다를 때 소수의 오른쪽 끝자리에 0이 있는 것으로 생각하여 소수점끼리 자리를 맞춰 쓰고 계산하는 방법을 익힙니다.

❷ 수를 이해하며 계산해요.

설명과 이어지는 그림을 이용하여 Day44에서 재미있게 문제를 풉니다.

❸ 충분히 연습해요.

Day45~Day48의 문제 풀이를 통해 자릿수가 다른 소수의 뺄셈을 충분히 연습하고 소수의 곱셈을 대비합니다.

스스로 계획을 세워요!

	공부할 날짜	목표 시간	복습할 날짜
Day 44 / 48	월 / 일	분 / 6개	월 / 일
Day 45 / 48	월 / 일	분 / 21개	월 / 일
Day 46 / 48	월 / 일	분 / 30개	월 / 일
Day 47 / 48	월 / 일	분 / 16개	월 / 일
Day 48 / 48	월 / 일	분 / 34개	월 / 일

선생님의 칠판

소수끼리 뺄 때는 소수점끼리 맞추어 세로식으로 쓰고, 같은 자리 수끼리 빼.

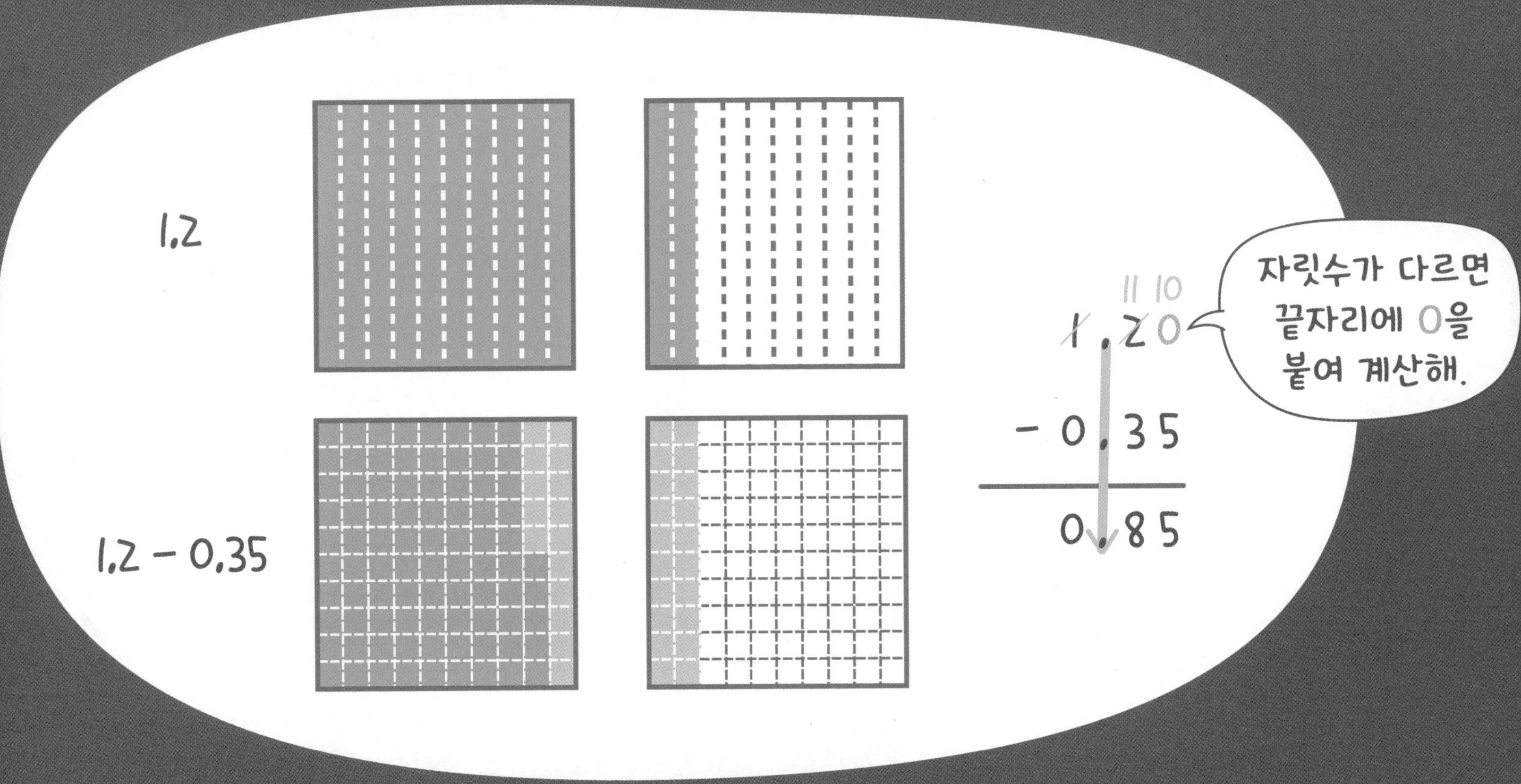

Day 44

빼고 남은 부분은 0.01이 몇 칸인지 세어 소수로 나타내 봐.

❶

3.7

1.45

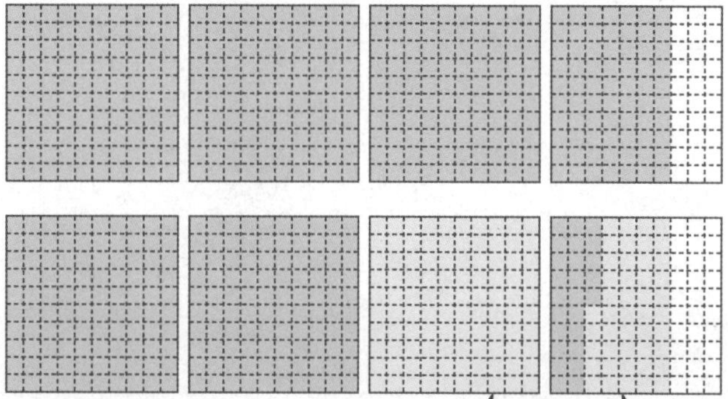

$$\begin{array}{r} 3.70 \\ -\ 1.45 \\ \hline \square \end{array}$$

0.01이 (370−145)=225개

지워서 흐려진 곳이 뺀 부분이야.

❷

1.52

0.8

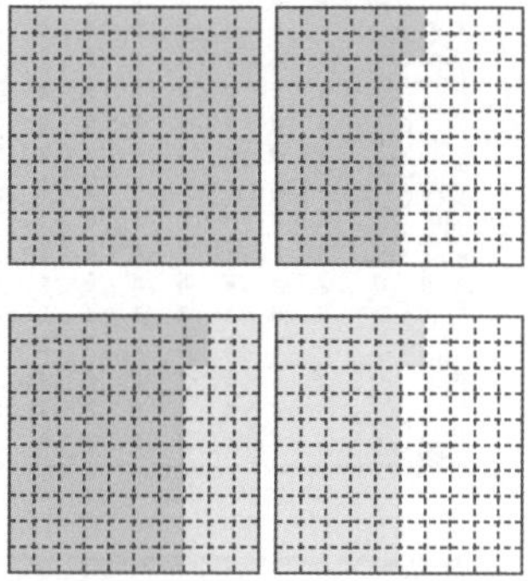

$$\begin{array}{r} 1.52 \\ -\ 0.8 \\ \hline \square \end{array}$$

❸

4.2

2.56

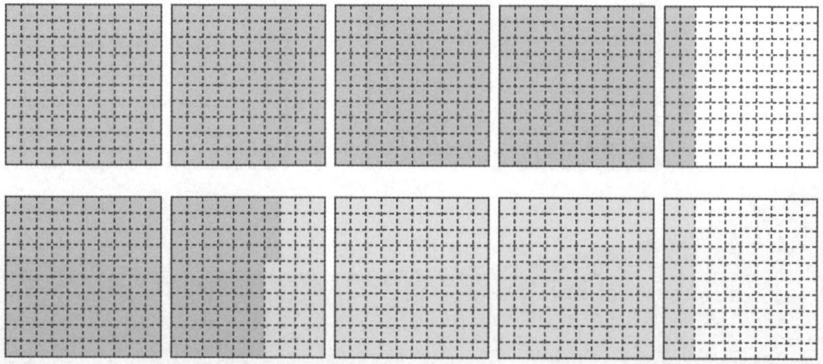

$$\begin{array}{r} 4.2 \\ -\ 2.56 \\ \hline \square \end{array}$$

❹

5.31

2.7

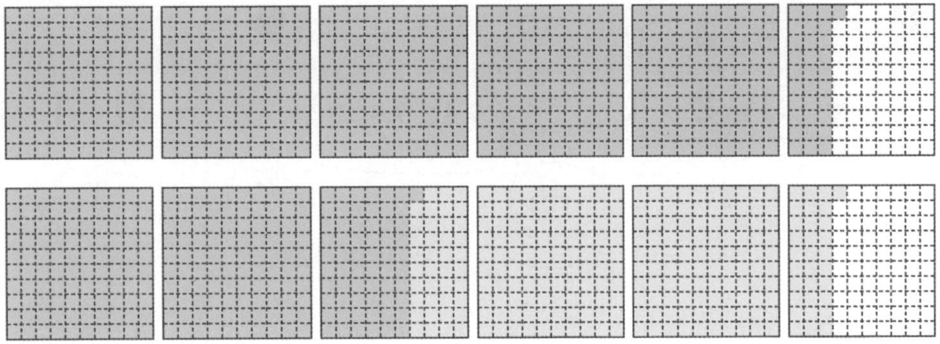

$$\begin{array}{r} 5.31 \\ -\ 2.7 \\ \hline \square \end{array}$$

❺

3.5

2.62

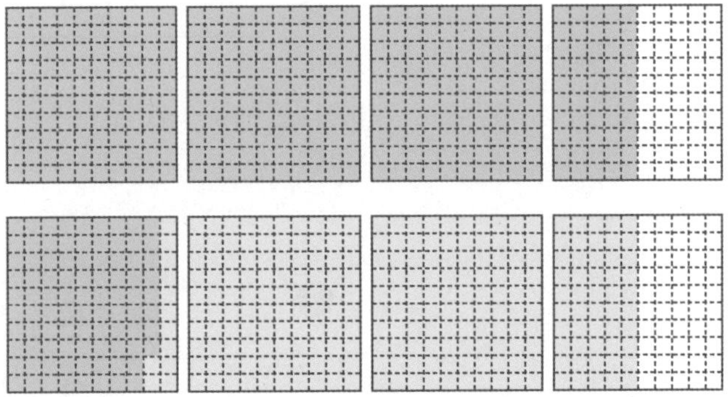

$$\begin{array}{r} 3.5 \\ -\ 2.62 \\ \hline \square \end{array}$$

❻

4.3

1.72

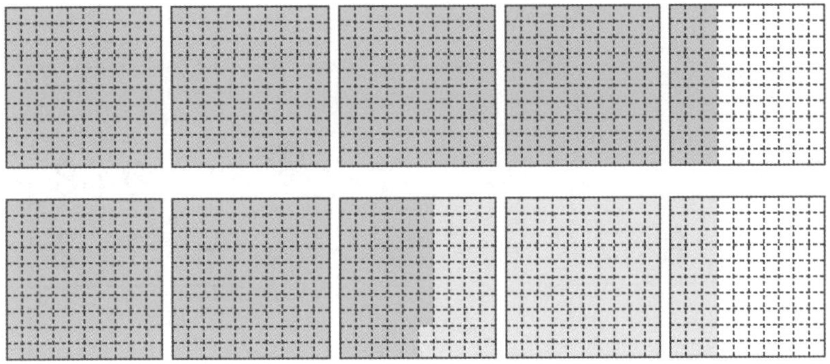

$$\begin{array}{r} 4.3 \\ -\ 1.72 \\ \hline \square \end{array}$$

공부 끝!

맞힌 개수

/6개

부모님 확인

오늘의 숫자 **73**에 색칠하세요.

Day 45

소수점으로 자리를 맞추어야 같은 자리 수끼리 뺄 수 있어.

소수점을 기준으로 자리를 맞추고

		6	10
	8.	7	0
-	4.	5	8
	4.	1	2

끝자리에 0을 붙여 계산해 봐.

❶

	9.	4	0
-	1.	8	1

❷

	1		
-	0.	1	6

❸

	2.	6	1
-	1.	4	

❹

	3	0		
-		9.	1	8

❺

	1	8.	5	8
-		1.	9	

❻

	3.	7	9	
-	1.	8	4	6

❼

	5	6.	8	1
-		2.	3	

❽

	4	8	
-	3	9.	7

❾

	1	0		
-		9.	8	7

❿

	6	8.	4		
-	1	2.	3	5	2

⑪

			10
	9.	~~2~~	
-	6.	3	5

⑫

	1	5	
-		6.	4

⑬

	4	3.	5	
-	4	2.	8	1

⑭

	5.	6	5	4
-	1.	4	6	

⑮

	1	2.	5	6
-	1	0		

⑯

	2	1		
-	1	5.	9	3

⑰

	4.	2		
-	1.	0	8	9

⑱

	8	1.	2	6	9
-	5	3.	4		

⑲

	3.	5		
-	0.	9	7	2

⑳

	8.	3	1
-	2.	8	

㉑

	6	2			
-		8.	7	4	6

공부 끝!

맞힌 개수

/21개

부모님 확인

오늘의 숫자 **44**에 색칠하세요.

Day 46

끝자리가 아니라
소수점을 기준으로
자리를 맞추고 빼야 해.

❶ $\begin{array}{r} 2.3 \\ -\ 2 \\ \hline \end{array}$

❷ $\begin{array}{r} 2.984 \\ -\ 0.85 \\ \hline \end{array}$

❸ $\begin{array}{r} 10.84 \\ -\ 6.5 \\ \hline \end{array}$

❹ $\begin{array}{r} 9.4 \\ -\ 7.36 \\ \hline \end{array}$

❺ $\begin{array}{r} 5 \\ -\ 1.48 \\ \hline \end{array}$

❻ $\begin{array}{r} 4.82 \\ -\ 1.258 \\ \hline \end{array}$

❼ $\begin{array}{r} 8.527 \\ -\ 1.5 \\ \hline \end{array}$

❽ $\begin{array}{r} 83.514 \\ -\ 61.3 \\ \hline \end{array}$

❾ $\begin{array}{r} 18.6 \\ -\ 10.24 \\ \hline \end{array}$

❿ $\begin{array}{r} 5.1 \\ -\ 2.304 \\ \hline \end{array}$

⓫ $\begin{array}{r} 12.84 \\ -\ 6.9 \\ \hline \end{array}$

⓬ $\begin{array}{r} 0.842 \\ -\ 0.05 \\ \hline \end{array}$

⓭ $\begin{array}{r} 19.9 \\ -\ 16 \\ \hline \end{array}$

⓮ $\begin{array}{r} 6.51 \\ -\ 2.351 \\ \hline \end{array}$

⓯ $\begin{array}{r} 42.84 \\ -\ 15.9 \\ \hline \end{array}$

⑯ $$\begin{array}{r} 6 \\ -\ 2.51 \\ \hline \end{array}$$

⑰ $$\begin{array}{r} 9.84 \\ -\ 0.984 \\ \hline \end{array}$$

⑱ $$\begin{array}{r} 24.84 \\ -\ 4.8 \\ \hline \end{array}$$

⑲ $$\begin{array}{r} 19.88 \\ -\ 9.823 \\ \hline \end{array}$$

⑳ $$\begin{array}{r} 13 \\ -\ 2.568 \\ \hline \end{array}$$

㉑ $$\begin{array}{r} 8.1 \\ -\ 6.548 \\ \hline \end{array}$$

㉒ $$\begin{array}{r} 3.93 \\ -\ 0.465 \\ \hline \end{array}$$

㉓ $$\begin{array}{r} 1.77 \\ -\ 1 \\ \hline \end{array}$$

㉔ $$\begin{array}{r} 0.788 \\ -\ 0.2 \\ \hline \end{array}$$

㉕ $$\begin{array}{r} 7.89 \\ -\ 0.8 \\ \hline \end{array}$$

㉖ $$\begin{array}{r} 28.5 \\ -\ 4.92 \\ \hline \end{array}$$

㉗ $$\begin{array}{r} 5.8 \\ -\ 2.91 \\ \hline \end{array}$$

㉘ $$\begin{array}{r} 12 \\ -\ 6.94 \\ \hline \end{array}$$

㉙ $$\begin{array}{r} 2.4 \\ -\ 1.89 \\ \hline \end{array}$$

㉚ $$\begin{array}{r} 6.705 \\ -\ 5 \\ \hline \end{array}$$

공부 끝!

맞힌 개수 /30개

부모님 확인

오늘의 숫자 **59**에 색칠하세요.

Day 47

**소수점을 기준으로
자리를 맞추어 세로 셈으로 쓰면
쉽게 계산할 수 있어**

❶ 6.31 - 4.8 =

	5	10	
	~~6~~.	3	1
-	4.	8	

❷ 15.6 - 8.48 =

❸ 68 - 5.48 =

❹ 16.78 - 2.444 =

❺ 0.9 - 0.48 =

❻ 0.95 - 0.057 =

❼ 5.2 - 5.163 =

❽ 76.52 - 9.872 =

❾ 6 - 2.89 =

❿ 26.1 - 9.816 =

⓫ 1.59 - 0.5 =

⓬ 14.56 - 0.3 =

⓭ 6.168 - 3 =

⓮ 2.86 - 1.264 =

⓯ 2.8 - 0.91 =

⓰ 10 - 8.488 =

공부 끝!

맞힌 개수

/16개

부모님 확인

오늘의 숫자 **15**에 색칠하세요.

Day 48

가로 셈을 세로 셈으로 바꾸어 계산하면 실수를 줄일 수 있어.

❶ 1.65 - 0.3 =

$$\begin{array}{r} 1.65 \\ -\,0.3 \\ \hline 5 \end{array}$$

남은 자리도 차례로 빼 봐.

❷ 7.52 - 4.8

❸ 6.7 - 2.491

❹ 3.398 - 0.39

❺ 2.74 - 1.5

❻ 8 - 4.719

❼ 19 - 2.34

❽ 1.8 - 0.34

❾ 10 - 9.6

❿ 4.891 - 2.5

⓫ 8.772 - 4

⓬ 1.652 - 0.37

⓭ 1.8 - 1.468

⓮ 3 - 1.25

⓯ 6.9 - 3.585

⑯ 17.18 - 3

⑰ 9.234 - 7.3

⑱ 5.238 - 5

⑲ 4 - 2.6

⑳ 68 - 5.487

㉑ 28 - 1.25

㉒ 9.2 - 1.25

㉓ 17 - 2.644

㉔ 5 - 3.4

㉕ 9.06 - 3.3

㉖ 24.48 - 8.196

㉗ 4 - 2.54

㉘ 16.205 - 7

㉙ 34.51 - 11.9

㉚ 5 - 2.136

㉛ 20.3 - 14.783

㉜ 14.6 - 4

㉝ 2.98 - 1.999

㉞ 25.8 - 19.611

공부 끝!

맞힌 개수

/34개

부모님 확인

오늘의 숫자 **18**에 색칠하세요.

연산 놀이터

토끼가 퀴즈를 냈어. 당근에 들어갈 수를 구해 봐.

부모님 확인

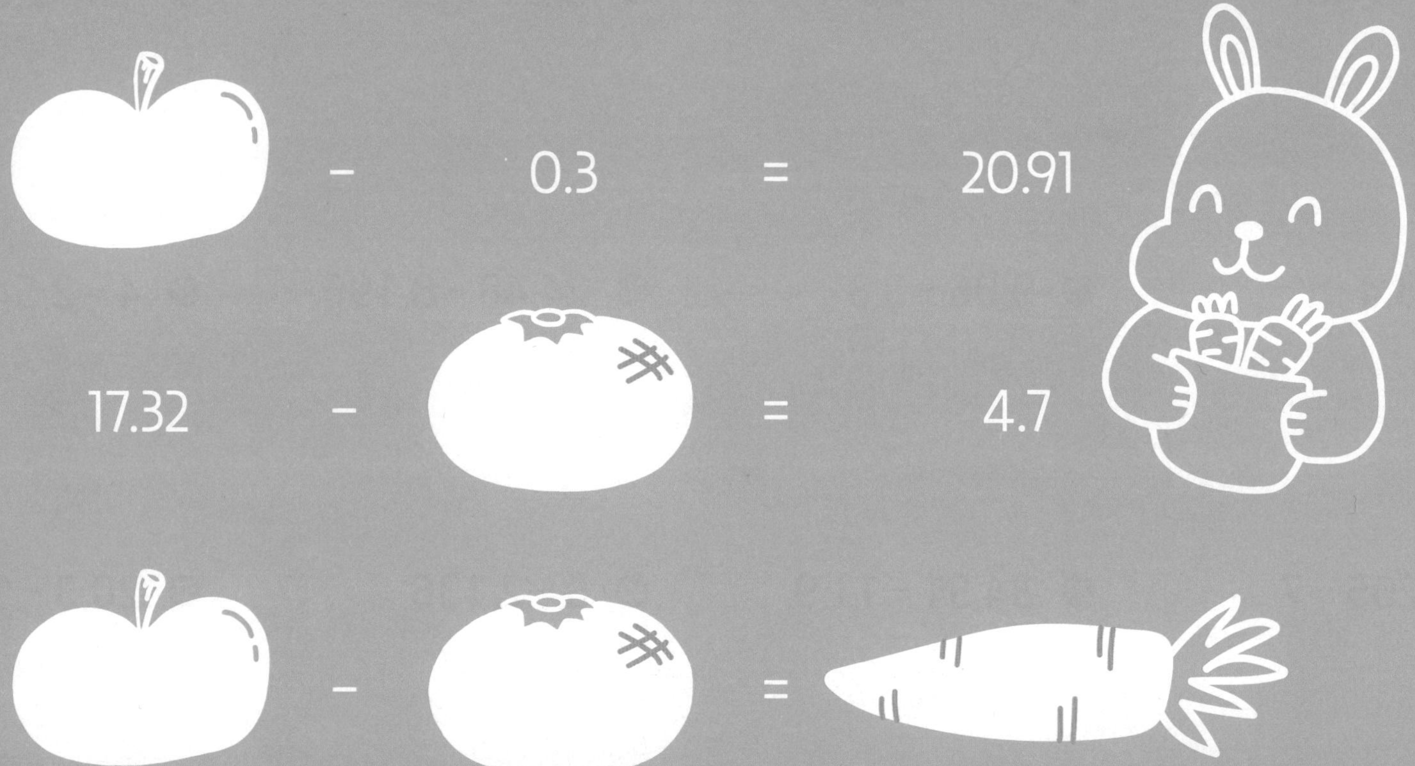

연산

범위 1단계 ~ 7단계

실력 점검하기

맞힌 개수: /52 걸린 시간: /분

01 $2\frac{5}{7} = \frac{\square}{7}$

02 $3\frac{7}{12} = \frac{\square}{12}$

03 $5 = \frac{\square}{2}$

04 $\frac{32}{8} = \square$

05 $\frac{34}{9} = \square$

06 $\frac{29}{4} = \square$

07 $\frac{2}{5} + \frac{1}{5}$

08 $\frac{6}{24} + \frac{7}{24}$

09 $\frac{7}{23} + \frac{11}{23}$

10 $\frac{14}{19} + \frac{3}{19}$

11 $\frac{19}{29} + \frac{14}{29}$

12 $\frac{2}{3} + \frac{2}{3}$

13 $\frac{4}{10} + \frac{8}{10}$

14 $\frac{7}{17} + \frac{10}{17}$

15 $\frac{6}{14} + \frac{11}{14}$

16 $3\frac{5}{10} + 6\frac{3}{10}$

17 $3\frac{1}{15} + 1\frac{2}{15}$

18 $3\frac{7}{11} + 2\frac{2}{11}$

19 $3\frac{7}{12} + 2\frac{9}{12}$

20 $1\frac{3}{4} + 1\frac{2}{4}$

21 $2\frac{7}{20} + \frac{38}{20}$

22 $5\frac{4}{5} + 2\frac{2}{5}$

23 $2\frac{12}{17} + 1\frac{13}{17}$

24 $3\frac{3}{8} + 1\frac{6}{8}$

25 $\frac{3}{6} - \frac{1}{6}$

26 $\frac{17}{18} - \frac{11}{18}$

27 $\frac{27}{30} - \frac{11}{30}$

28 $\frac{21}{25} - \frac{14}{25}$

29 $\frac{23}{27} - \frac{17}{27}$

30 $1 - \frac{5}{9}$

31 $1 - \frac{9}{12}$

32 $1 - \frac{8}{11}$

33 $1 - \frac{13}{18}$

34 $9 - \frac{11}{17}$

35 $6 - \frac{17}{32}$

36 $5 - 3\frac{9}{14}$

37 $2 - \frac{7}{22}$

38 $4 - \frac{18}{40}$

39 $7 - 2\frac{1}{5}$

40 $7\frac{19}{21} - 4\frac{13}{21}$

41 $7\frac{13}{20} - 3\frac{6}{20}$

42 $8\frac{5}{8} - 1\frac{3}{8}$

43 $11\frac{10}{12} - 9\frac{5}{12}$

44 $4\frac{19}{25} - 2\frac{16}{25}$

45 $5\frac{4}{17} - 2\frac{2}{17}$

46 $4\frac{2}{9} - 1\frac{4}{9}$

47 $2\frac{1}{8} - 1\frac{5}{8}$

48 $3\frac{7}{15} - 2\frac{8}{15}$

49 $3\frac{1}{3} - 2\frac{2}{3}$

50 $5\frac{7}{11} - 3\frac{9}{11}$

51 $2\frac{1}{6} - 2\frac{5}{6}$

52 $5\frac{6}{10} - 2\frac{8}{10}$

연산

범위 8단계 ~ 11단계

실력 점검하기

맞힌 개수: /56 걸린 시간: 분

01 $0.4 + 0.3$

02 $3.5 + 6.8$

03 $4.11 + 0.06$

04 $1.7 + 0.5$

05 $2.6 + 1.1$

06 $15.6 + 12.7$

07 0.4 + 0.2

08 26.4 + 19.9

09 0.76 + 1.24

10 1.24 + 1.36

11 23.64 + 3.42

12 0.35 + 0.18

13 1.7 + 13.5

14 1.05 + 0.84

15 $3.69 + 12.3$

16 $10.51 + 9.491$

17 $15.28 + 1$

18 $1.3 + 2.25$

19 $15.3 + 8.963$

20 $10 + 1.08$

21 0.9 + 15.16

22 0.13 + 2

23 1.806 + 45.6

24 1.51 + 0.6

25 2.3 + 1.987

26 18 + 2.88

27 2 + 29.5

28 0.4 + 7

29 $\begin{array}{r} 6.2 \\ -\ 3.7 \\ \hline \end{array}$

30 $\begin{array}{r} 0.16 \\ -\ 0.09 \\ \hline \end{array}$

31 $\begin{array}{r} 8.5 \\ -\ 2.7 \\ \hline \end{array}$

32 $\begin{array}{r} 1.05 \\ -\ 0.26 \\ \hline \end{array}$

33 $\begin{array}{r} 1.4 \\ -\ 0.7 \\ \hline \end{array}$

34 $\begin{array}{r} 51.26 \\ -\ 3.45 \\ \hline \end{array}$

35 0.07 - 0.03

36 8.54 - 5.13

37 12.8 - 10.9

38 0.35 - 0.28

39 1.9 - 1.4

40 14.2 - 8.1

41 46.2 - 22.4

42 10.75 - 9.25

43 $\begin{array}{r} 19.76 \\ -\ 0.5 \\ \hline \end{array}$

44 $\begin{array}{l} 2 \\ -\ 0.465 \\ \hline \end{array}$

45 $\begin{array}{r} 2.4 \\ -\ 1.89 \\ \hline \end{array}$

46 $\begin{array}{r} 6.705 \\ -\ 5.01 \\ \hline \end{array}$

47 $\begin{array}{l} 5.8 \\ -\ 4.556 \\ \hline \end{array}$

48 $\begin{array}{l} 6 \\ -\ 2.51 \\ \hline \end{array}$

49 10.21 - 5.6

50 1.81 - 0.135

51 45 - 1.25

52 12.56 - 10.8

53 3.564 - 2

54 47.3 - 26.201

55 5.684 - 1.44

56 1.2 - 1.089

연산

범위 1단계 ~ 11단계

실력 점검하기

맞힌 개수: /51 걸린 시간: /분

01 $1\frac{3}{6} = \frac{\square}{6}$

02 $\frac{47}{5} = \square\frac{\square}{5}$

03 $3 = \frac{\square}{3} = \frac{\square}{9} = \frac{\square}{14}$

04 $\frac{1}{8} + \frac{3}{8}$

05 $\frac{8}{15} + \frac{3}{15}$

06 $\frac{10}{21} + \frac{13}{21}$

07 $\frac{6}{7} + \frac{5}{7}$

08 $1\frac{1}{3} + 2\frac{1}{3}$

09 $2\frac{4}{9} + 1\frac{5}{9}$

10 $1\frac{6}{16} + 5\frac{11}{16}$

11 $3\frac{12}{14} + \frac{22}{14}$

12 $\frac{10}{13} - \frac{7}{13}$

13 $\frac{11}{19} - \frac{6}{19}$

14 $1 - \frac{5}{16}$

15 $1 - \frac{7}{11}$

16 $5\frac{9}{10} - 2\frac{5}{10}$

17 $7\frac{13}{20} - 3\frac{6}{20}$

18 $7 - 2\frac{1}{5}$

19 $6 - \frac{3}{8}$

20 $8\frac{4}{15} - 1\frac{9}{15}$

21 $3\frac{1}{3} - 1\frac{2}{3}$

22 $5\frac{4}{7} - 3\frac{6}{7}$

23 $3\frac{4}{18} - \frac{21}{18}$

24 $0.5 + 0.9$

25 $1.8 + 0.6$

26 $5.289 + 2.3$

27 $3.59 + 7.81$

28 $46.281 + 9.85$

29 $2.79 + 6.8$

30 2.98 + 8.45

31 10.6 + 14.25

32 0.48 + 45

33 16.8 + 12.2

34 0.18 + 0.13

35 0.7 + 18.3

36 45.6 + 1.305

37 8 + 0.53

38 $25.34 - 0.27$

39 $9.7 - 3.7$

40 $45 - 26.07$

41 $12.348 - 1.58$

42 $21.85 - 1.735$

43 $0.8 - 0.31$

44 4.7 - 4.5

45 8.7 - 3.15

46 7.27 - 4.8

47 7.36 - 0.541

48 15 - 4.64

49 9.1 - 4

50 19.425 - 3.9

51 35.14 - 19